生态环境空间管理丛书

西藏自治区生态环境空间管控研究

Research on the Eto - environmental Zoning Management in Tibet Autonomous Region

许开鹏　王夏晖　王金南　王晶晶　等著

中国环境出版集团·北京

图书在版编目（CIP）数据

西藏自治区生态环境空间管控研究/许开鹏等著. —北京：中国环境出版集团，2018.12
ISBN 978-7-5111-3282-6

Ⅰ.①西… Ⅱ.①许… Ⅲ.①生态环境—环境管理—研究—西藏 Ⅳ.①X321.275

中国版本图书馆 CIP 数据核字（2018）第 298055 号

审图号：藏 s（2018）021 号

出 版 人 武德凯
责任编辑 葛 莉 张维平
责任校对 任 丽
封面设计 彭 杉

出版发行 中国环境出版集团
（100062 北京市东城区广渠门内大街 16 号）
网 址：http://www.cesp.com.cn
电子邮箱：bjgl@cesp.com.cn
联系电话：010-67112765 编辑管理部
010-67113412 第二分社
发行热线：010-67125803 010-67113405（传真）
印 刷 北京中科印刷有限公司
经 销 各地新华书店
版 次 2018 年 12 月第 1 版
印 次 2018 年 12 月第 1 次印刷
开 本 787×1092 1/16
印 张 10.25
字 数 188 千字
定 价 75.00 元

前言

PREFACE

党的第十九次全国代表大会要求改革生态环境监管体制，构建国土空间开发保护制度，完善主体功能区配套政策。《生态文明体制改革总体方案》《关于加快推进生态文明建设的意见》《国民经济和社会发展第十三个五年规划纲要》等一系列重要文件，均明确提出建设国家空间规划体系、建立完善以用途管制为手段的国土空间开发保护制度。生态环境是国土空间的重要组成部分，加强生态环境资源开发利用空间管控，有利于增强区域开发的环境合理性，促进形成经济社会发展与生态环境承载力相协调的区域开发格局。

为探索生态环境空间管控路径，2009 年环境保护部启动了国家环境功能区划编制研究与试点工作，成立了国家环境功能区划编制领导小组、专家咨询委员会和编制技术组，2013 年编制完成了《全国环境功能区划纲要》和《环境功能区划编制技术指南（试行）》，分两批在 13 个省（区）开展了环境功能区划编制试点。同时，启动 4 个省的生态保护红线划定试点，2014 年 1 月发布了《国家生态保护红线——生态功能红线划定技术指南（试行）》，2015 年、2017 年分别对该指南进行了修订。

西藏地域辽阔，受地形地貌、气候、资源、社会经济发展的不同影响，区域生态环境问题表现出极大的差异性，藏东和藏东北海拔 4 000 m 以上以及藏西和藏南海拔 4 400 m 以上区域为冰川消融、冻融侵蚀极敏感区，区域生态环境极其脆弱。藏南、藏东高大山区和高山深谷区，山体坡度较大，极易发生水土流失或出现崩塌、滑坡和泥石流等山地灾害。随着城镇化建设进程的推进，局部地区水环境问题也逐步显现，拉萨市城区段流域水环境质量在拉萨河上游污染程度较轻、中下游污染较严重。这种生态环境问题在时空上的差异性，迫使西藏生态环境保护工作必须分类实施有针对性的管控措施，通过环境功能分区引导区域社会经济协调发展。全区约有92％的国土面积处于寒冷、寒冻和冰雪作用极为强烈的高寒环境中，生态环境脆弱。受全球气候变化影响以及人为干扰，西藏部分地区森林破坏、水土流失、土地沙漠化、草地退化，生态系统功能退化明显，迫切需要划定区域生态保护红线。西藏是全球重要的生物多样性保护区域和国家生态安全屏障区域，区内生态环境脆弱，随着经济社会的发展，大量的开发建设活动引发了诸多的环境问题，生态环境保护压力持续加大。为避免走先污染、后治理的道路，西藏有必要开展生态环境空间管控，明晰不同区域环境功能类型，实施分区发展引导措施；明确维系区域生态安全最基本的生态空间，即划定生态保护红线，实施最严格的管控措施。

本书共八个章节。第一章梳理了国家生态环境空间管控要求，借鉴了相关地区的经验，构建了西藏自治区生态环境空间管控体系的总体框架，由王金南、许开鹏、王晶晶等人撰写；第二章在分析西藏开展生态环境空间管控的现实需求的基础上，提出了研究思路框架和技术路线，由许开鹏、王夏晖、王晶晶等人撰写；第三章在大量调查研究的基础上，分析了西藏自治区概况和主要问题，由张箫、张丽苹、葛荣凤等人撰写；第四章基于区域生态环境特点，构建了符合西藏自治区实际的环境功能综合评价指标体系，由迟妍妍、王夏晖、张信等人撰写；第五章充分衔接现有相关规划和战略，识别重点区块识别，提出环境功能区识别与划分条件，并进行环境功能区识别，由王夏晖、迟妍妍、葛荣凤等人撰写；第六章提出了西藏自治区环境功能分区方案与分区管控对策，由王晶晶、许开鹏、王夏晖、王金南、张天华、黄华等人撰写；第七章结合生态保护红线相关研究进展，提出西藏自治区生态保护红线方案划定的总体考虑和建议方案，并提出管控对策，由许开鹏、王金南、次仁央宗、刘丽君、王晶晶、柴惠霞、葛荣凤、马娅、郑丽杰、张信、刘斯洋、付乐等人撰写；第八章简要论述了西藏自治区生态环境空间管理信息系统的系统框架和平台功能设计，为下一步信息化管理提供支撑，由蒋洪强、杨勇、潘哲、王珮等人撰写。全书由许开鹏、王晶晶负责统稿，王金南、王夏晖负责定稿，葛荣凤负责图件制作。

目 录

CONTENTS

第1章　生态环境空间管控体系研究

生态环境空间管控体系是推进生态文明建设、构建国土空间开发保护制度的重要保障。党的十八大以来，国家要求大力推进生态文明建设，明确提出要按照人口资源环境相均衡、经济社会生态效益相统一的原则，优化国土空间，构建科学合理的城镇化格局、农业发展格局、生态安全格局。《生态文明体制改革总体方案》明确要求："构建以空间规划为基础、以用途管制为主要手段的国土空间开发保护制度，着力解决因无序开发、过度开发、分散开发导致的优质耕地和生态空间占用过多、生态破坏、环境污染等问题。"生态环境是国土空间的重要组成部分，加强生态环境资源开发利用空间管制，有利于增强区域开发的环境合理性，促进形成经济社会发展与生态环境承载力相协调的区域开发格局。

1.1　相关背景

党中央、国务院高度重视国土空间开发保护的制度建设，自2010年国务院印发实施《全国主体功能区规划》（国发〔2010〕46号）以来，先后在《生态文明体制改革总体方案》《关于加快推进生态文明建设的意见》《国民经济和社会发展第十三个五年规划纲要》等重要文件中，明确提出建设国家空间规划体系，建立完善以用途管制为手段的国土空间开发保护制度。近年来，国务院各有关部门通过推动编制省级主体功能区规划、开展市县空间规划"多规合一"试点、划定生态保护红线、制定自然资源资产负债表等工作，不断探索完善国家空间规划体系，实践丰富国土空间用途管制政策，国家以《全国主体功能区规划》为基础的空间规划体系初现雏形，国土空间用途管制措施逐步丰富完善。

为进一步强化国土空间用途管制制度中生态环境管理要求的科学性、合理性，环境保护部门应主动加强与国家空间规划体系的衔接，夯实生态环境管理工作的空间理论基础，逐步丰富完善空间管理政策措施，提升生态环境管理工作的空间管控能力与水平，加快建立与国家空间规划体系相适应、统筹生态环境各领域空间管控措施的生态环境空间管控体系。

1.2 意义与内涵

1.2.1 建立国家空间规划体系的现实意义

国土空间是宝贵的自然资源，是人类赖以生存和发展的家园。新中国成立以来，特别是改革开放以来，随着我国现代化建设的全面展开，国土空间也发生了深刻变化。国土空间在有力地支撑了经济社会的快速发展的同时，由于资源开发强度大、耕地减少过多过快、绿色生态空间减少过多，部分地区出现了空间结构不合理、工业化城镇化发展不均衡、生态环境恶化严重等一些必须高度重视和着力解决的突出问题。

要切实从源头上解决这些结构性、功能性、布局性问题，实现以用途管制为手段的国土空间开发保护制度，必须按照人口、资源、环境相均衡的原则，从国家顶层设计层面统筹谋划，制订实施优化国土空间开发格局的总体方案，建立空间管控体系，改变以往因行政职能差异造成的空间管控措施缺失、破碎、冲突等现象，指导全国有效控制开发强度，调整空间结构，科学布局生产空间、生活空间、生态空间。可以说，建立科学、有效的国家空间规划体系，是解决我国当前国土空间开发模式不科学、不可持续问题的根本途径，是促进城乡区域统筹协调发展的重要举措，是落实党中央、国务院生态文明建设任务的具体实践。

1.2.2 中共中央、国务院关于建设国家空间规划体系的总体要求

近年来，中共中央、国务院在印发的多个重要文件中，对国家空间规划体系提出了明确的要求。中共中央、国务院《生态文明体制改革总体方案》指出，空间规划体系作为生态文明体制改革的八项重大制度之一，是实现以用途管制为手段的国土空间开发保护制度的基础保障，明确提出“构建以空间治理和空间结构优化为主要内容，全国统一、相互衔接、分级管理的空间规划体系，着力解决空间性规划重叠冲突、部门职责交叉重复、地方规划朝令夕改等问题”。中共中央、国务院《关于加快推进生态文明建设的意见》（中发〔2015〕12 号）提出“要坚定不移地实施主体功能区战略，健全空间规划体系，科学合理布局和整治生产空间、生活空间、生态空间”“全面落实主体功能区规划，健全财政、投资、产业、土地、人口、环境等配套政策和各有侧重的绩效考核评价体系”等要求。《国民经济和社会发展第十三个五年规划纲要》要求“以市县级行政区为单元，建立由空间规划、用途管制、差异

化绩效考核等构成的空间治理体系。建立国家空间规划体系，以主体功能区规划为基础统筹各类空间性规划，推进‘多规合一’。完善国土空间开发许可制度。建立资源环境承载能力监测预警机制，对接近或达到警戒线的地区实行限制性措施”等。

1.2.3 国家空间规划体系的内涵

通过对《生态文明体制改革总体方案》《关于加快推进生态文明建设的意见》，以及《全国主体功能区规划》《国民经济和社会发展第十三个五年规划纲要》等重要文件的研究梳理，国家空间规划体系是以《全国主体功能区规划》为基础，由相关领域空间规划区划和适应主体功能区要求制定的各类规划区划组成的规划体系。

从管理领域上来看，国家空间规划体系是以《全国主体功能区规划》为核心，由国土规划、土地利用总体规划、环境功能区划、全国城镇体系规划、全国海洋主体功能区规划，以及其他领域适应主体功能区要求的规划和区划组成的各类空间规划的综合。

从管理层级上来看，国家空间规划体系分为国家、省、市县（设区的市空间规划范围为市辖区）三级，包括：国家层面是以《全国主体功能区规划》为核心的空间规划体系；省级层面是按照《全国主体功能区规划》要求制定的省级主体功能区规划及相关规划区划；市县（区）层面是将国民经济和社会发展规划、城乡规划、土地利用规划、生态环境保护规划等多个规划融合到一个区域上，实现一个市县（区）、一本规划、一张蓝图的“多规合一”。

1.3 相关经验

近年来，为强化国土空间的规范与管理，国务院各行业主管部门制定实施了多项空间管控规划区划和政策措施，为探索建立国家空间规划体系、完善以用途管制为手段的国土空间开发保护制度进行了有益的尝试。尤其是以《全国主体功能区规划》为基础的国家主体功能区战略的逐步深入，为构建国家空间规划体系奠定了坚实的基础。

1.3.1 相关行业主管部门管控经验

1.3.1.1 发展改革部门

发展改革部门牵头制定了《全国主体功能区规划》，在规划中根据不同区域的资源环境承载能力、现有开发强度和发展潜力，确定了不同区域的主体功能，统筹谋划人口分布、经济布局、国土利用和城镇化格局，并据此明确开发方向，完善开发政策，控制开发强度，规范开发秩序，引导和促进形成人口、经济、资源、环境相协调的国土空间开发格局。规划的制定和实施，为国家和地方优化生产力空间布局、制定完善空间发展战略，提供了很好的依据和支撑。

（1）规划目标

主体功能区规划主要是根据不同区域的资源环境承载能力、现有开发强度和发展潜力，统筹谋划人口分布、经济布局、国土利用和城镇化格局，确定不同区域的主体功能，并据此明确开发方向，完善开发政策，控制开发强度，规范开发秩序，逐步形成人口、经济、资源、环境相协调的国土空间开发格局。

（2）分区方案与管控要求

主体功能区规划以行政单元为基础，以是否适宜或如何进行大规模、高强度的工业化、城镇化开发为基准，划分了优化开发区域、重点开发区域、限制开发区域和禁止开发区域，同时明确四类主体功能区的功能定位、发展目标、发展方向和开发原则。《全国主体功能区规划》按开发方式将我国国土空间分为优化开发区域、重点开发区域、限制开发区域和禁止开发区域（表1－1）。

表1－1　《全国主体功能区规划》空间分区及管控要求

分区方案	内涵	管控要求
优化开发区域	具有较高的工业化、城镇化基础，需要优化工业化、城镇化开发的区域	率先加快转变经济发展方式，调整优化经济结构，提升参与全球分工与竞争的层次
重点开发区域	具备一定的工业化、城镇化基础，且具有较高开发潜力的区域	推动经济可持续发展；推进新型工业化进程，提高自主创新能力，形成分工协作的现代产业体系；加快推进城镇化，提高集聚人口的能力；发挥区位优势，加强国际通道和口岸建设，形成我国对外开放新的窗口和战略空间
限制开发区域	限制进行大规模、高强度的工业化、城镇化开发的农产品生产区和生态功能区	逐步减少农村居民点占用空间，腾出更多空间用于维系生态系统良性循环；不再新建各类开发区和扩大现有工业开发区面积，已有的工业开发区要逐步改造成为低消耗、可循环、少排放、“零污染”的生态型工业区
禁止开发区域	禁止进行工业化、城镇化开发的重点生态功能区	严格控制人为因素对自然生态和文化自然遗产原真性、完整性的干扰，严禁不符合主体功能定位的各类开发活动，引导人口逐步有序转移，实现污染物“零排放”，提高环境质量

（3）配套管理政策

《全国主体功能区规划》中确定了“9+1”的政策体系，其中“9”是财政政策、投资政策、产业政策、土地政策、农业政策、人口政策、民族政策、环境政策、应对气候变化政策，“1”是绩效评价考核。实行分类管理的区域政策，旨在形成经济社会发展符合各区域主体功能定位的导向机制。以财政政策为例，分区财政政策按照东、中、西和东北四大尺度划分，制定财政转移支付制度，对生态补偿主体、补偿额度、补偿方式进行初步确定。2015 年 7 月，环境保护部联合国家发展和改革委员会发布《关于贯彻实施国家主体功能区环境政策的若干意见》，构建了符合主体功能区定位的环境政策支撑体系，充分发挥了环境保护政策的导向作用，为推动形成主体功能区布局奠定良好的政策环境和制度基础。

1.3.1.2　原国土部门

原国土资源部门在编制土地利用总体规划时，将土地按照用途类型分为农用地、建设用地和未利用地，实行差异化的用途管制；通过划定城乡建设用地规模边界、扩展边界和禁止建设边界，形成允许建设区、有条件建设区、限制建设区、禁止建设区四类空间管制区。2017 年印发实施的《全国国土规划纲要（2016—2030 年）》，更是明确提出以资源环境承载力评价为基础，坚持国土开发与资源环境承载力相匹配的原则，优化国土空间开发格局，划定生产、生活、生态空间开发管制界限，进一步突出了空间管制的相关要求。

（1）规划目标

土地利用总体规划主要是在一定区域内，根据国家经济社会可持续发展的要求和当地自然、经济、社会条件，对土地的开发、利用、治理、保护在空间上、时间上所做的总体安排和布局，是国家实行土地用途管制的基础。

（2）分区方案与管控要求

土地利用总体规划通过划定城乡建设用地规模边界、扩展边界和禁止建设边界，形成允许建设区、有条件建设区、限制建设区、禁止建设区四类空间管制区。各空间分区管控内容见表 1-2。

（3）配套管理政策

现行《中华人民共和国土地管理法》的一个重要变化就是对建设用地的管理方式实行了重大改革，即以土地用途管制的方式代替了过去的分级限额审批制度，并强调了土地利用总体规划对建设用地的宏观控制作用。

表 1－2 土地利用总体规划空间分区及管控要求

分区方案	内涵	管控要求
允许建设区	允许作为建设用地利用，开展城乡建设的空间区域	土地主导用途为城、镇、村或工矿建设发展空间，具体土地利用安排与依法批准的相关规划相协调。区内新增城乡建设用地受规划指标和年度计划指标约束，应统筹增量与存量用地，促进土地节约集约利用。规划实施过程中，在允许建设区面积不改变的前提下，其空间布局形态可依程序进行调整，但不得突破建设用地扩展边界
有条件建设区	原则上不允许作为建设用地利用，满足特定条件后可以开展城乡建设的空间区域	符合规定的，可依程序办理建设用地审批手续，同时相应核减允许建设区用地规模。规划期内建设用地扩展边界原则上不得调整。如需调整按规划修改处理，严格论证，报规划审批机关批准
限制建设区	允许建设区、有条件建设区和禁止建设区外，禁止城镇和大型工矿建设、限制村庄和其他独立建设、控制基础设施建设，以农业发展为主的空间区域	土地的主导用途为生态与环境保护空间，严格禁止与主导功能不相符的各项建设。除法律法规另有规定外，规划期内禁止建设用地边界不得调整
禁止建设区	以生态与环境保护空间为主导用途、禁止开展与主导功能不相符的各项建设的空间区域	土地主导用途为农业生产空间，是开展土地整理复垦开发和基本农田建设的主要区域。区内禁止城、镇、村建设，严格控制线性基础设施和独立建设项目用地

在建设用地供应上，国家制定了《限制用地项目目录》和《禁止用地项目目录》，具体明确了建设用地的三类供应政策，包括限制供地政策、禁止供地政策和可以供地政策。属于在全国范围内统一规划布点、生产能力过剩需总量控制和涉及国防安全、重要国家利益，并被列入原国土资源部《限制供地项目目录》的建设项目，实行限制供地政策。属于危害国家安全或者损害社会公共利益，国家产业政策明令淘汰的生产方式、产品和工艺所涉及，国家产业政策规定禁止投资，以及按照法律法规规定明令禁止，并被列入原国土资源部《禁止供地项目目录》的建设项目，实行禁止供地政策。凡列入《禁止供地项目目录》的建设用地，在禁止期限内，土地行政主管部门不得受理其建设项目用地报件，各级人民政府不得批准提供建设用地。对于符合鼓励类政策和允许类政策、不属于《限制供地项目目录》和《禁止供地项目目录》范围的建设项目，可以根据土地供应年度计划、市场供求情况等及时组织建设用地供应。对于鼓励类建设项目，要积极供地。

1.3.1.3　住建部门

为引导和促进城镇建设用地的合理利用，同样高度重视空间管控工作，要求城市总体规划通过划定“四区五线”进行空间管制，在《城市规划编制办法》中提出中心区规划要“划定禁建区、限建区、适建区和已建区，并制定空间管制措施”，并在《中华人民共和国城乡规划法》中明确了相关要求的法律地位。

（1）规划目标

城市总体规划主要是通过对城市用地空间开发行为进行限制、约束或引导，通过对区域城市空间整体使用的战略划分，解决城市发展与生态保护之间的矛盾，解决城市发展土地的弹性问题。不同于简单的用地评价，城市总体规划中的空间管制是规划转型期中有别于传统用地布局规划的政策性空间管理手段。区划标准、区划方法和区划政策是其“核心”。

（2）分区方案与管控要求

城市总体规划通过划定“四区五线”来进行空间管制，其中，“四区”是指禁建区、限建区、适建区和已建区，“五线”是指城市红、绿、蓝、紫、黄线，包括城市主次干道路幅的边界控制线（红线），城市各类绿地的边界控制线（绿线），城市水域的边界控制线（蓝线），历史文化街区、优秀历史建筑及文保单位的边界控制线（紫线），对发展全局有影响、必须控制的城市基础设施用地的边界控制线（黄线）。分区方案及管控内容见表 1－3。

表 1－3　城市总体规划空间分区及管控要求

分区方案	内涵	管控要求
禁建区	具有一定的禁建要素，除有关禁建要素和必要基础设施外，禁止任何城乡建设类型的区域	禁止与地区主体功能无关的城镇建设行为，既有城乡居民点应严控规模、择期搬迁。确实无法避开禁止建设区的交通、市政、军事设施等建设，必须经法定程序批准，并服从国家相关法律法规的规定
限建区	具有一定的限建要素，对城乡建设有一定限制的区域	根据不同限制条件对建设行为提出控制要求；必要的如交通、市政、军事设施和城乡建设应经过一定程序、在审查和论证后进行。城乡建设应尽可能减少占用限制建设区，占用部分应严格遵守限制条件
适建区	适宜任何类型城乡建设的区域	为城乡建设活动优先选择的地区，应科学划定规划建设用地范围，确定使用功能、开发强度和开发模式
已建区	已集中进行城乡建设的区域	

（3）配套管理政策

城市总体规划中的管制政策多为空间类管控政策，例如差别化管理政策（“四区”划定）、控制线政策（例如基本生态控制线以及控规中的红线、蓝线等）、兼容性政策等。但具体来说，缺少非空间类的管制政策应用，例如权利救济政策、管理绩效考核政策等。非空间类政策，主要是通过城市总体规划中管制目标对不同分区施以差异化的财政税收、就业、住房、社会舆论等政策，间接对区域功能和开发强度进行管制。目前已相继出台了《城市绿线管理办法》《城市紫线管理办法》《城市蓝线管理办法》《城市黄线管理办法》。

1.3.1.4 水利部门

我国社会经济和城市化进程的快速发展，迫使水资源短缺和水环境污染成为制约国民经济可持续发展的限制性因素。自 1999 年起，水利部组织各流域管理机构和全国各省区开展水功能区划工作。2002 年，水利部下发《关于开展全国水资源保护规划编制工作的通知》（水规计〔2002〕195 号），自此水资源保护规划工作正式开始，作为规划基础的水功能区划工作正式启动。后经多重论证及全国 31 个省、自治区、直辖市试点工作实施后，2002 年 4 月《中国水功能区划》试行。2011 年，国务院以国函〔2011〕167 号文批复了《全国重要江河湖泊水功能区划（2011—2030 年）》。现行水功能区划对流域水质提出了明确要求，并在区域性水功能区划、区划原则与方法及水环境标准选择等方面进行了规定。

（1）区划目标

水功能区划是指从合理开发和有效保护水资源的角度，依据国民经济发展规划和水资源综合利用规划，在全面收集并深入分析区域水资源开发利用现状和经济社会发展需求等资料的基础上，以流域为单元，科学合理地在相应水域划定具有特定功能、满足水资源开发利用和保护要求并能够发挥最佳效益的区域。其目的是为水资源保护监督管理提供依据，通过各功能区水资源保护目标的实现，保障水资源的可持续利用。

（2）分区方案与管控要求

按照国家标准《水功能区划分标准》，《全国重要江河湖泊水功能区划（2011—2030 年）》分为两级体系。一级区划在宏观上调整水资源开发利用与保护的关系，协调地区间用水关系，同时考虑持续发展的需求，共分为四类，即保护区、保留区、开发利用区、缓冲区。二级区划在一级区划的开发利用区内，细化水域使用功能类型及功能排序，协调不同用水行业间的关系，具体划分为饮用水水源区、工业用水

区、农业用水区、渔业用水区、景观娱乐用水区、过渡区、排污控制区七类。各功能区管控要求见表 1-4、表 1-5。

表 1-4　《全国重要江河湖泊水功能区划》一类分区方案及管控要求

分区方案	内涵	管控要求
保护区	对水资源保护、自然生态及珍稀濒危物种的保护具有重要意义的水域	根据需要分别执行《地表水环境质量标准》（GB 3838—2002）Ⅰ、Ⅱ类水质标准或维持现状水质
保留区	目前开发利用程度不高，为今后开发利用和保护水资源而预留的水域	维持现状不遭破坏，按现状水质类别进行控制
开发利用区	具有满足工农业生产、城镇生活、渔业和游乐等多种需水要求的水域	区域内开发活动必须服从二级区划功能分区要求；水质管理标准按二级区划分类分别执行相应的水质标准
缓冲区	跨省、自治区、直辖市行政区域河流、湖泊的边界附近水域；省际边界河流、湖泊的边界附近水域	按实际需要执行相关水质标准或按现状控制

表 1-5　《全国重要江河湖泊水功能区划》开发利用区内二类分区方案及管控要求

分区方案	内涵	管控要求
饮用水水源区	满足城镇生活用水需要的水域	执行《地表水环境质量标准》（GB 3838—2002）Ⅱ、Ⅲ类水质标准
工业用水区	满足城镇工业用水需要的水域	执行《地表水环境质量标准》（GB 3838—2002）Ⅳ类水质标准
农业用水区	满足农业灌溉用水需要的水域	执行《地表水环境质量标准》（GB 3838—2002）Ⅴ类水质标准，可参照《农田灌溉水质标准》（GB 5084—2005）
渔业用水区	具有鱼、虾、蟹、贝类产卵场、索饵场、越冬场及洄游通道功能的水域，养殖鱼、虾、蟹、贝、藻类等水生动植物的水域	执行《渔业水质标准》（GB 11607—1989），并参照《地表水环境质量标准》（GB 3838—2002）Ⅱ、Ⅲ类水质标准
景观娱乐用水区	以满足景观、疗养、度假和娱乐需要为目的的江、河、湖等水域	执行《景观娱乐用水水质标准》（GB 12941—1991），并参照《地表水环境质量标准》（GB 3838—2002）Ⅲ、Ⅳ类水质标准
过渡区	为使水质要求有差异的相邻功能区顺利衔接而划定的区域	以满足出流断面所邻功能区水质要求选用相应的控制标准
排污控制区	接纳生活、生产污废水比较集中，接纳的污废水对水环境无重大不利影响的区域	按出流断面水质达到相邻功能区的水质要求选择相应的水质控制标准

(3) 配套管理政策

现行的水功能区划在水资源利用、水环境改善和水生态保护中起到了关键性作用。同时，水利部在水功能区划基础上，组织全国开展水资源保护规划；为实现水功能区的科学管理，建立了水功能区划相适应的水资源保护管理信息体系；颁布了《水功能区监督管理办法》《入河排污口监督管理办法》等法规；建立和完善了相应技术标准体系；建立了水资源有偿使用机制和补偿机制，利用经济手段调节水事行为等。以上均是水资源空间管制的有效手段。

1.3.1.5 农业部门

开展农业功能区划、组织农业功能区建设是实施农业区域管理、规范农业发展空间秩序、实现农业区域协调发展和保障国家农业整体生产能力安全的重要途径。2007 年，全国农业资源与区划办公室根据国家主体功能区划要求，在全国部署开展农业功能区划研究。与传统农业区划相比，农业功能区划是一种多功能综合区划，不仅要研究农业的农产品供给功能空间分异规律，还研究农业的生态功能、文化与休闲功能、就业和生活保障功能的空间差异以及这些功能的区域统筹发展问题，划分出农业的多功能组合区，各区域都有主导功能与辅助功能。目前 31 个省（直辖市、自治区）已开展农业功能区划工作。

(1) 区划目标

农业功能区划立足点是为各级、各地在制订农业产业发展的相关规划时提供科学参考依据，使其更客观地遵循自然规律和更好地利用固定区域内赋予的优势资源，发展农业、体现农业的多功能性，展现农产品供给功能、就业和社会保障功能、文化功能以及生态功能。

(2) 分区方案与管控要求

农业功能区划大致包括两级分区。一级区突出弹性引导，作为农业主导功能空间布局的基础；二级区突出刚性约束，明确划分粮食主产区、禁耕区、禁牧区、水源保护地、生态保护地、农业文化保护区等（表 1－6）。

表 1－6　农业功能区划一级分区及管控要求

分区方案	内涵	管控要求
农产品供给功能主导区	为全社会提供农产品，确保国家食品安全，输送工业所需的原材料与出口商品的地区	实施最严格的耕地和农业水资源保护措施，完善以粮食为中心的农业生产补贴政策和农产品收购价格政策，建立农民收入保障长效机制，保护和稳定农民生产积极性

续表

分区方案	内涵	管控要求
就业与生存保障功能主导区	能够容纳劳动力就业和为农村人口提供生活保障的区域	加快建立和完善农村社会保障体系，拓展农业内部劳动力吸纳功能，鼓励农村劳动力跨行业转移和人口跨区域合理流动
文化传承与休闲观光功能主导区	能够传承农耕文化、保护文化多样性和为城市居民提供休闲服务的区域	实施农业文化功能保护制度，制定农业文化保护规划，将观光农业纳入政府服务业发展规划，促进农业休闲观光产业适度、有序、良性发展
生态调节功能主导区	具有显著土壤保持、水源涵养、气候调节、生物多样性维护等生态调节作用的区域	实施农业生态功能补偿制度，统筹城乡布局，充分发挥农业的人工绿地生态功能及生物多样性景观功能，优化城乡空间关系，全面提高农业的城市综合服务能力

（3）配套管理政策

目前，针对农业功能区划出台的政策文件较少，已有工作多根据区域主导功能定位，进行农业功能区差别化引导政策制定和完善等，促进农业功能区主导功能的实现。

①加强农业功能区建设相关立法。制定区际关系协调、区域农业规划相关法律法规，从法律上明确全国不同农业功能区的主导功能定位，建立区域合作机制、互助机制和扶持机制，规范农业区际关系，引导农业区域分工协作向纵深发展。

②建立和实施农业功能区绩效评价制度。按照农业功能区主导功能定位，建立和实施各有侧重的绩效评价体系。对各功能区主导强化功能及相关转化进行评价。

③建立和完善农业功能区引导政策。根据区域主导功能定位，制定和完善农业功能区差别化引导政策，促进农业功能区主导功能实现。

1.3.1.6　海洋部门

为改善我国海域缺乏统筹使用规划、资源过度利用与开发不足并存、近岸海域污染和生态恶化加重的状况，国家海洋局通过全力实施海洋功能区划和海洋主体功能区划两项工作内容，对全国海域进行空间管制。目前，《全国海洋功能区划》《全国海洋主体功能区规划》均已发布实施。海洋主体功能区规划是国家对海洋发展实施宏观调控的重要手段，是制定海洋发展战略、编制其他海洋规划的重要依据，而海洋功能区划是为海洋综合管理建立一种行为规范，为海域使用管理和海洋保护工作提供依据，为国民经济和社会发展提供用海保障，可以具体地指导微观的海洋开发活动。

（1）区划（规划）目标

海洋功能区划主要是指根据海域区位、自然资源、环境条件和开发利用的要求，按照海洋功能标准，将海域划分为八类功能区，目的是为海域利用管理和海洋环境保护工作提供科学依据，为国民经济和社会发展提供利用海洋的保障。

海洋主体功能区划是指根据海洋资源环境承载能力、现有开发密度和发展潜力，从可持续开发角度，统筹考虑海洋产业结构和布局、海域利用与海洋创新能力，以及相邻陆域未来人口分布、经济实力与城镇化格局等，将我国领海和内水及管辖海域的开发空间划分为四种不同类型功能区，以指导沿海地区开发活动，并实施动态管理。

两者目的具有一致性，即建立合理的海洋开发利用秩序，实现生产力的合理布局与海洋资源的优化配置，遏制海洋生态环境恶化，保障沿海地区经济社会的可持续发展。

（2）分区方案与管控要求

海洋功能区划划分了农渔业区、港口航运区、工业与城镇用海区、矿产与能源区、旅游休闲娱乐区、海洋保护区、特殊利用区、保留区八类海洋功能区。海洋主体功能区规划按照海洋资源环境承载力、海洋开发强度和海洋发展潜力，分为海洋优化开发区域、海洋重点开发区域、海洋限制开发区域和海洋禁止开发区域四类。两类分区方案及管控要求见表1－7、表1－8。

表1－7　《全国海洋功能区划》空间分区及管控要求

分区方案	内涵	管控要求
农渔业区	适于拓展农业发展空间和开发海洋生物资源，包括农业围垦区、渔业基础设施区、养殖区、增殖区、捕捞区和水产种质资源保护区	控制围垦规模和用途，合理布局渔港及远洋基地建设，稳定传统养殖用海面积，农业围垦区、渔业基础设施区、养殖区、增殖区执行不劣于二类海水水质标准，渔港区执行不劣于现状的海水水质标准，捕捞区、水产种质资源保护区执行不劣于一类海水水质标准
港口航运区	适于开发利用港口航运资源，可供港口、航道和锚地建设的海域，包括港口区、航道区和锚地区	深化整合港口岸线资源，优化港口布局，合理控制港口建设规模和节奏。港口区执行不劣于四类海水水质标准。航道、锚地和邻近水生野生动植物保护区、水产种质资源保护区等海洋生态敏感区的港口区执行不劣于现状海水水质标准
工业与城镇用海区	适于发展临海工业与滨海城镇的海域，包括工业用海区和城镇用海区	做好与土地利用总体规划、城乡规划等的衔接，合理控制围填海规模，优化空间布局，加强自然岸线和海岸景观的保护。新工业与城镇用海区执行不劣于三类海水水质标准

续表

分区方案	内涵	管控要求
矿产与能源区	适于开发利用矿产资源与海上能源，包括油气区、固体矿产区、盐田区和可再生能源区	重点保障油气资源勘探开发的用海需求，科学论证与规划海上风电，严格执行海洋油气勘探、开采中的环境管理要求。油气区执行不劣于现状海水水质标准，固体矿区执行不劣于四类海水水质标准，盐田区和可再生能源区执行不劣于二类海水水质标准
旅游休闲娱乐区	适于开发利用滨海和海上旅游资源，可供旅游景区开发和海上文体娱乐活动场所建设的海域	注重保护海岸自然景观和沙滩资源，禁止非公益性设施占用公共旅游资源，修复主要城镇周边海岸旅游资源。旅游休闲娱乐区执行不劣于二类海水水质标准
海洋保护区	专供海洋资源、环境和生态保护的海域，包括海洋自然保护区、海洋特别保护区	注重维持、恢复和改善生态环境和生物多样性，保护自然景观。海洋自然保护区执行不劣于一类海水水质标准，海洋特别保护区执行各使用功能相应的海水水质标准
特殊利用区	供其他特殊用途排他使用的海域，包括用于海底管线铺设、路桥建设、污水达标排放、倾倒等的特殊利用区	注重海底管线、道路桥梁和海底隧道等设施保护，禁止在上述设施用海范围内建设其他永久性建筑物。对于污水达标排放和倾倒用海，要加强监测、监视和检查，防止对周边功能区环境质量产生影响
保留区	为保留海域后备空间资源，专门划定的在区划期限内限制开发的海域	加强管理，严禁随意开发。执行不劣于现状海水水质标准

表 1－8　《全国海洋主体功能区规划》空间分区及管控要求

分区方案	内涵	管控要求
海洋优化开发区域	现有开发利用强度较高、资源环境约束较强、产业结构亟须调整和优化的海域	注重经济增长方式、质量和效益，在优化开发区要控制加重海洋资源环境压力的开发活动，摆脱传统海洋经济增长模式，实现从粗放式海洋经济发展模式向集约型海洋经济发展模式的彻底转变
海洋重点开发区域	在沿海经济社会发展中具有重要地位，发展潜力较大，资源环境承载能力较强，可以进行高强度集中开发的海域	对于海域自然资源、环境要求比较苛刻，能引起大规模的经济集聚，或者对于资源环境影响较大的海洋开发项目，应在符合项目用海特征的海洋功能区内开展，缓解优化开发区和限制开发区的资源环境压力
海洋限制开发区域	以提供海洋水产品为主要功能的海域，包括用于保护海洋渔业资源和海洋生态功能的海域	明确海域的功能利用进行限制，根据功能对海域生态、环境、资源的破坏程度不同，对其限制的程度也不同。对于可利用的功能也要以保证海域生态安全为目的，选择对海域破坏最小的开发利用方式，严格控制开发利用强度

续表

分区方案	内涵	管控要求
海洋禁止开发区域	对维护海洋生物多样性，保护典型海洋生态系统具有重要作用的海域，包括海洋自然保护区、领海基点所在岛屿等	明确设立禁止开发区的目的，以及禁止开发区的保护对象，在不破坏保护对象、不违背设立禁止开发区目的的前提下，选择恰当的海洋功能进行利用，开展有特色的开发利用活动，比如利用海域的旅游功能发展旅游业，开辟禁止开发区的自养之路

（3）配套管理政策

《全国海洋功能区划》是我国海洋空间开发、控制和综合管理的整体性、基础性、约束性文件，是编制各级各类涉海规划的基本依据，是制定海洋开发利用与环境保护政策的基本平台。为对海洋资源进行有效空间管制，所施行的配套政策主要为完善及综合调配对策，包括完善海洋功能区划体系，调整完善现行海洋开发利用和海洋环境保护政策及相关规划，建立健全保障海洋功能区划实施的法律法规、管理制度、体制机制、技术职称和跟踪评价制度等。

《全国海洋主体功能区规划》按照海洋主体功能分区，对不同海域实行差别化空间管制对策，包括财税政策、投资政策、产业政策、海域政策、环境政策等。此外，对规划实施与绩效评价做了明确规定，包括沿海省人民政府及发展和改革委员会、国务院各有关部门等均对详细的工作内容、实施细则和具体措施进行了规定。

1.3.1.7 林业部门

我国曾于20世纪80年代进行过国家、省、县三级林业区划，区划成果为指导林业建设发挥了很好的作用。但随着由传统林业向现代林业的重大转变，原来的林业区划已难以适应全面建设现代林业的要求。2007年，国家林业局决定，重新开展全国林业发展区划工作，并作为指导林业发展的重要基础性工作。通过林业发展区划，分区域提出林业发展方向、建设重点和政策措施，形成主体功能定位清晰、区域发展目标明确、建设重点突出、政策措施得当的区域协调发展格局，为各项林业工程的建设、相关方针政策的制定、林业分类经营的实施和科学管理提供依据。

（1）区划目标

全国林业发展区划是依据自然地理条件和社会经济条件的差异性、森林与环境的相关性、林业的基础条件与发展潜力，以及社会经济发展对林业的主导需求等，对我国地域进行逐级划分，并从可持续发展的高度，明确各级分区单元的林业发展方向、功能定位和生产力布局，为现代林业发展构建空间布局框架。

（2）分区方案及管控要求

林业发展区划采用三级分区体系。一级区为自然条件区，旨在反映对我国林业发展起到宏观控制作用的水热因子的地域分异规律，同时考虑地貌格局的影响。通过对制约林业发展的自然、地理条件和林业发展现状进行综合分析，明确不同区域今后林业发展的主体对象，如乔木林、灌木林、荒漠植被；或者林业发展的战略方向，如开发、保护、重点治理等。二级区为主导功能区，以区域生态需求、限制性自然条件和社会经济对林业发展的根本要求为依据，旨在反映不同区域林业主导功能类型的差异，体现森林功能的客观格局。三级区为布局区，包括林业生态功能布局和生产力布局，旨在反映不同区域林业生态产品、物质产品和生态文化产品生产力的差异性，并实现林业生态功能和生产力的区域落实。

通过一、二、三级区划，将形成一套完整、科学、合理的符合我国国情的全国林业发展区划体系，对全国林业发展进行分区管理和指导，从而提高全国林业发展水平。

（3）配套管理政策

根据各区域林业的主体功能和主要特点，明确林业建设的重点任务，提出相关的政策措施，确保林业发展目标的实现。重点提出需要调整或完善的森林资源产权制度、林地保护利用政策、森林经营管理政策、产业发展政策、生态保护政策，以及工程、投资、财政等方面的政策措施。

1.3.1.8　主要经验

通过上述对各部委相关区划及规划工作中涉及的空间分区及管控对策进行分析，可以发现，国土资源空间的差异性、自然要素禀赋的差异性以及经济关系中表现的差异性，决定了分区管理的重要性及可实施性，各部委空间管控工作经验中的“分域、分区、分类、分级、分权、分责”等，均体现了以差异性为基础的分类管理策略，对生态环境空间管控相关工作具有重要借鉴意义。

（1）编制空间规划或区划是实施空间管控的基础

在我国条块分割的政策框架下，空间资源管理的多渠道并行是既成事实。在国内已开展或正开展的类型空间管控规划及功能区划体系中，发改部门、原国土部门、住建部门、水利部门，农业部门、海洋部门，以及林业部门等，分别以主体功能区规划、城市总体规划、土地利用总体规划、农业功能区划、海洋功能区划、海洋主体功能区划等空间规划或区划为工作抓手，进行空间管控尝试。相关工作具有基础性，主体思路具有一致性，均通过划定功能分区，制定空间管控措施，实行差别化的分类管理政策。

（2）明确分区管控目标和措施是实施空间管控的核心

以各行业主管部门为主导进行的区划及规划工作，空间管控尺度、内容等存在差异性，各分区所制定的配套政策也有不同的类型和侧重，但管制目标、措施均明确清晰。国家发改部门以《全国主体功能区规划》为依托，通过将国土空间划分为优化开发、重点开发、限制开发和禁止开发四类主体功能区，并制定国土空间区划和差别化发展政策，实现规范国土空间开发秩序，最终实现空间管制的目的；原国土部门以土地利用总体规划为手段，通过划定“三界四区”，明确政府土地管理主要目标、任务，制定空间管制系列政策，引导全社会保护和合理利用土地资源；住建部门通过进行城市总体规划，明确空间分区，制定空间管制分类管理对策，解决城市发展与生态保护之间的矛盾，同时解决城市发展土地的弹性问题；农业部门通过推进农业功能区划，设立分区评价指标，划定分区，制定和完善农业功能区引导政策，实施绩效评价制度等，促进农业健康稳定发展；海洋部门通过《全国海洋主体功能区规划》和《全国海洋功能区划》两种技术手段和理论体系，划定两种类型、互通有无的功能分区，合理配置海域资源，达到优化海洋空间开发布局的最终目的；水利部门以《全国重要江河湖泊水功能区划》为基础，对区域性水功能区划、原则和方法进行规定，将水功能区划分为饮用水水源区、工业用水区、农业用水区、渔业用水区、景观娱乐用水区、过渡区和排污控制区等七类，推动水资源空间合理分配；林业部门通过实施《全国林业发展区划》，进行全国林业三级分区，明确各级分区单元林业发展方向、功能定位和生产力布局，最终为现代林业发展构建空间布局框架。

（3）制定针对性政策文件是实施空间管控的保障

在各部委相关规划及区划工作中，发改部门、原国土部门及住建部门以土地利用规划、主体功能区划及城市总体规划作为空间管控途径，通过规划区域进行类别分区，制定差别化及分类管理政策，最终达到对各分区进行政策疏导及管理的目的。基于功能分区，制定针对性政策的管控手段，效果较为明显。而水利部门、农业部门、海洋部门、林业部门等，主要是基于某一自然要素或国土分类进行分区划定，对空间管控内容研究较少。由此来看，出台针对性分区管控政策文件能够保证空间管控的有效实施。

1.3.2 生态环境保护部门空间管控基础

从20世纪80年代开始，我国就开始在生态环境空间管控领域进行探索，先后制定了以环境要素管理为目标的大气环境功能区划、声环境功能区划、水环境功能区划等单项生态环境要素空间管控的规划区划，相关成果在生态环境保护五年规划、生态省（市、县）建设规划、生态环境保护专项规划中得到了实践性的应用。

1.3.2.1　水环境管理领域空间管控基础

近年来，我国环境管理工作在以水为要素的空间管理领域进行了大量的尝试，制定实施了水环境功能区划、近岸海域环境功能区划等空间规划区划。在 2015 年国务院印发的《水污染防治行动计划》（以下简称《水十条》）中也对“优化空间布局”作出了要求。同时，水污染物排污许可、总量控制及排污权交易等制度，也在充分考虑流域上下游之间、不同流域之间空间差异性的基础上，作为空间管控的手段发挥了重要作用。

水环境功能区划是按照《中华人民共和国水污染防治法》和《地表水环境质量标准》、综合水域环境容量和社会经济发展需要，以及污染物排放总量控制的要求，划定水域分类管理功能区。通过水环境功能区划，将全国十大流域、51 个二级流域、600 多个水系等进行功能分区，基本覆盖了环境保护管理涉及的水域，划定结果分为七类，包括自然保护区、饮用水水源保护区、渔业用水区、工农业用水区、景观娱乐用水区，以及混合区和过渡区。根据《地表水环境质量标准》对各分区进行分类管理，其中，自然保护区实行Ⅰ类地表水管制要求；饮用水水源保护区、渔业用水区实行Ⅱ类地表水管制要求；工农业用水区、景观娱乐用水区实行Ⅳ类地表水管制要求；混合区及过渡区实行Ⅴ类地表水环境质量标准。

2015 年，国务院印发的《水十条》在第二条中明确提出，优化空间布局，合理确定发展布局、结构和规模，并充分考虑水资源、水环境承载能力，以水定城、以水定地、以水定人、以水定产。重大项目的布局原则上分布在优化开发区和重点开发区范围内，严格城市规划蓝线管理，积极保护水域生态空间。

除此之外，水污染物排污许可、总量控制及排污权交易等制度也是空间管制的重要手段。水污染物排污许可是在污染物排放浓度控制管理的基础上，通过排污申报登记，根据水体功能或水质目标的要求进行空间总量分配，发放水污染物排放许可证。而排污权交易是在一定的空间范围内，内部各污染源之间通过货币交换的方式相互调剂排污量，对区域总量污染物排放进行优化分配。

1.3.2.2　大气环境管理领域空间管控基础

对于大气环境的空间管理工作，我国主要以大气环境功能区划为基础展开。在 2013 年国务院印发的《大气污染防治行动计划》（以下简称《大气十条》）第五条中也提出了“优化空间格局”，要求构建有利于大气污染物扩散的城市和区域空间格局。另外，大气环境质量改善目标落实情况考核、大气污染物排污许可、总量控制、排污权交易等制度也是进行大气区域差异化管理的重要手段。

大气环境功能区划以城市环境功能分区为依据，根据自然环境概况、土地利用规划、规划区域气象特征和国家大气环境质量的要求，将空间区域按大气环境质量划分为不同的功能区。其分为一类环境空气质量功能区和二类环境空气质量功能区，并根据《环境空气质量标准》进行分区环境质量管理，一类功能区采用一级浓度限值，二类功能区采用二级浓度限值。

为了切实改善空气质量，《大气十条》针对区域差异设定不同奋斗目标和具体指标，重要城市群如京津冀、长三角、珠三角等区域细颗粒物浓度至 2017 年分别下降 25％、20％和 15％，并实行差异化的空间管理措施。作为《大气十条》重要配套政策性文件，《大气污染防治行动计划实施情况考核办法（试行）》明确了实行《大气十条》的责任主体与考核对象，确立了以空气质量改善为核心的评估考核思路，标志着我国最严格的大气环境管理责任与考核制度正式确立。

同时，大气污染物排放许可、总量控制、排污权交易等制度在执行过程中，也充分考虑区域本底差异，对区域大气污染物的排放总量进行核定，要求排污者排放污染物不得超过国家和地方规定的排放标准和排放总量控制指标，按照持证排污的原则进行排放，且内部各污染源之间可进行交易。这些制度的制定和实施，对一定区域范围内大气污染物排放进行空间配置，较为有效地强化了大气污染的排放控制。

1.3.2.3 土壤环境管理领域空间管控基础

相对于其他环境要素的管理，我国土壤环境管理工作由于起步较晚、空间管理的政策基础仍不够完善，虽然在重金属污染治理、危险废物处理处置等专项工作中对土壤环境问题的空间差异性给予了一定考虑，但尚未出台土壤环境分类分区管控的专项规划，针对土壤要素的环境空间管理制度尚处于逐步完善的阶段。2016 年 5 月，国务院在印发的《土壤污染防治行动计划》（以下简称《土十条》）第五条中提出“强化空间布局管控”，加强规划区划和建设项目布局论证，严格相关行业企业布局选址要求，根据土壤等环境承载能力，科学布局环境处理处置设施，合理确定区域功能定位、空间布局。

为加强土壤环境的空间管理工作，当前我国依据土地利用类型和土壤功能及相关规划，正在研究制定土壤环境功能区划，主要依据土地利用类型和土壤功能及相关规划，提出土壤环境功能区划体系，从而为土壤环境管理提供科学依据。土壤环境管理要求构建土壤环境分区分类的管理体系，目前，这项工作仍然处于研究拟订阶段，尚未发布相关文件。

1.3.2.4　生态保护与建设领域空间管控基础

由于生态系统和生态功能问题具有明显的空间差异性，我国在生态保护与建设工作中，较早地注意到了制定实施差异化空间管控措施的重要性，充分吸收国际先进经验，通过制定《全国生态功能区划》、划定生态保护红线等工作，奠定了较为科学系统的空间管控基础。

2008 年，环境保护部和中国科学院制定印发了《全国生态功能区划》，区划在生态调查评估的基础上，以不同地域单元的主导生态功能为基础划定生态功能区，对全国国土空间生态环境保护要求实行差异化的管理进行了初步的尝试。虽然该区划关于生态功能的分类比较宽泛，各项管控要求在地方不同层级空间尺度难以具体落地，但也为建设项目环境影响评价等生态环境管理工作提供了空间管控的依据，为《全国主体功能区规划》确定全国重点生态功能区的范围，提供了有效的借鉴和参考。2015 年，环境保护部会同中国科学院发布了《全国生态功能区划（修编版）》，通过修编修订，明确了按照生态调节、产品提供与人居保障三大类生态系统服务功能，将国土空间划分成水源涵养、生物多样性保护、土壤保持、防风固沙、洪水调蓄、农产品提供、林产品提供、大都市群和重点城镇群 9 种生态功能类型的生态功能分区方法，将全国重要生态功能区由原来的 50 个扩大到 63 个，并进一步明确了各重要生态功能区的具体范围和生态保护要求。

2012 年，按照国务院《关于加强环境保护重点工作的意见》（国发〔2011〕35 号）中关于在重要生态功能区、陆地和海洋生态环境敏感区、脆弱区等区域划定生态红线的任务要求，环境保护部启动了生态保护红线划定工作，在 2017 年前后，组织各省（区、市）在重点生态功能区、生态环境敏感区和脆弱区等区域划定生态保护红线，确定保护国土空间生态功能、维护全国生态安全格局基本生态用地的空间边界，实行严格保护。生态保护红线划定工作，是环境保护部门落实党中央、国务院要求，贯彻《中华人民共和国环境保护法》规定，在生态环境空间管控领域进行的有益尝试，将对依法有效保护具有重要生态功能的基本生态用地起到重要的基础性、约束性作用。

1.3.2.5　生态环境综合性空间管控工作基础

2009 年，为贯彻落实国务院《关于印发环境保护部主要职责内设机构和人员编制规定的通知》（国办发〔2008〕73 号）中关于“组织编制环境功能区划”的任务部署，以及《全国主体功能区规划》关于环保部门“负责组织编制环境功能区划”

的明确要求，原环境保护部规划财务司委托环境规划院启动了“国家环境功能区划编制与试点研究”项目。

区划研究工作通过框架思路设计、专项课题研究、地方编制试点、部门衔接协调等方式，开展了大量基础性、研究性工作，基本形成了基于环境功能分区的环境空间规划管控体系，并在征求国务院各部门意见的基础上，组织编制全国环境功能区划方案，取得了丰硕的成果，并在参与制定水功能区划、海洋功能区划、生态功能区划、区域经济社会发展和生态环境保护规划等规划区划和战略环境影响评价中，充分融入了综合性环境功能区划的理念，初步探索了涵盖多要素的综合环境分区管理制度和方法，为地方环保部门强化环境空间管控、参与政府综合决策奠定了坚实的基础。特别是浙江等省级环境功能区划试点工作的顺利推进，为检验和完善区划体系框架与技术方法奠定了坚实的基础。

1.3.3 加强生态环境空间管控的重要意义

由于我国幅员辽阔，空间地理特征的分异性显著，不同地域空间的资源环境条件和经济社会发展水平差异较大，地区间面临的生态环境问题与压力也不尽相同。以往“一刀切”的生态环境管理模式，已无法适应国家日益精细化、规范化的空间管理要求，也难以满足生态环境管理从被动应对向源头防控转变的管理需求。为此，生态环境部门近年来开展了大量有益的尝试，为强化生态环境要素管理的空间落地奠定了较好的基础，积累了宝贵的经验。但由于现行各类专项规划区划、政策制度因制定的出发点不同，在缺乏基础性、纲领性、引导性的生态环境空间管控体系引领的情况下，生态环境空间管控政策措施与国家空间规划体系的有效衔接仍然缺位，生态环境保护规划区划之间、政策制度之间不协调、不统一、不完整的情况仍然客观存在。

通过对各有关部门空间管控经验的总结分析，要适应国家空间规划体系建设要求，建立科学、有效的生态环境空间管控体系，生态环境部门迫切需要明确生态环境空间管控体系的核心，首先建立统一的、涵盖生态环境各要素空间管控需求的综合性生态环境空间规划，以此作为要素规划区划（含生态保护红线、生态功能区划、大气功能区划等）空间管控要求的上位规划。在同一政策框架下，依据不同区域的生态环境空间差异和管控需求，划定空间管控分区，制定分区管控的目标任务和政策导向，为实现差异化、精细化的生态环境空间管控提供决策依据。同时，在此框架下强化政策共建，统筹整合、逐步优化现行各项生态环境空间管控政策措施，加强各项政策措施的空间协调性。在改变以往“一刀切”的环境管理模式的同时，形成生态环境空间管控政策措施衔接国家空间规划体系的统一接口，从根本上提升环

境管理工作的科学性和高效性。

综合性的生态环境空间规划应具有较强的政策包容性和体系完整性，在综合考虑不同区域各类生态环境要素的基础上，通过生态环境功能评价，确定不同区域的主导生态环境功能定位，提出不同区域差异化的水环境、大气环境、土壤环境、生态环境、噪声环境和辐射环境等质量目标或标准，并配套制定政策。在空间管控任务要求上，要能够包容涵盖生态保护红线、环境影响评价等现行生态环境空间管控政策，并为分区域的污染物总量控制要求、环境质量控制要求、环境风险防范要求、自然生态保护要求和产业准入标准等生态环境管控措施的制定提供空间依据。在政策体系上，能够通过上级环境功能区划的空间管控要求在下级具体空间尺度落地，构建自上而下、上下结合的空间管控政策体系，从而进一步细化深入现行生态环境保护政策措施的管理深度，强化政策执行力。

1.4　总体框架

1.4.1　生态环境空间管控体系总体框架

生态环境空间管控体系是适应国家空间规划体系要求，依据生态环境空间分异规律和实际管理需求制定的空间管控政策的集成。其核心是融合生态环境各领域空间管控政策措施的综合性生态环境空间管控规划，内容主要包括差异化环境质量目标、主要污染物排放总量控制目标、产业准入要求等，同时还应作为生态保护红线、生态保护补偿等空间管控措施制定的依据。生态环境空间管控体系总体框架示意图见图 1－1。

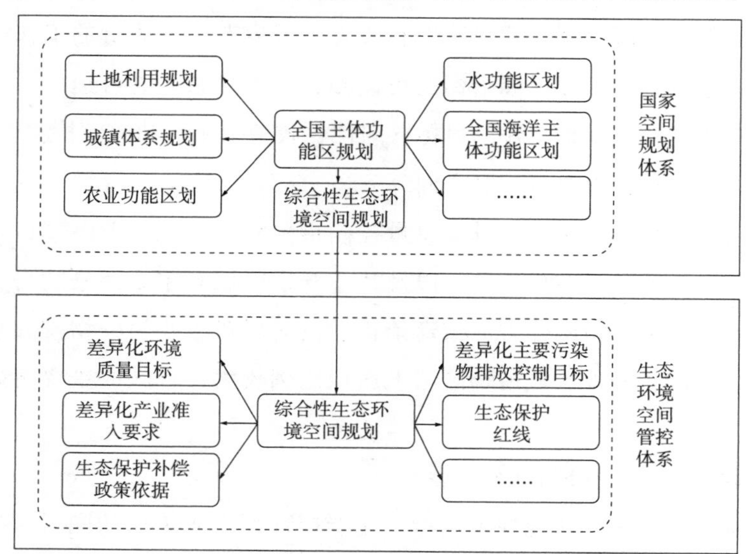

图 1－1　生态环境空间管控体系总体框架示意图

1.4.2 不同类型区域生态环境空间管控侧重

强化生态环境空间管控的途径，就是通过制定综合性生态环境空间管控规划，厘清我国不同区域之间生态环境的空间差异，制定分区差别化的环境管理政策，将针对不同生态环境要素的空间管控要求，按照生态环境功能分区进行整合分类，从而制定因地制宜的空间管控目标、政策与措施，约束和引导区域开发布局，控制和改善建设开发活动的环境行为，促进国土开发布局与生态安全格局相协调。

综合性生态环境空间管控规划对不同类型区域的生态环境空间管控要求应各有侧重，初步按照《全国主体功能区规划》，以开发建设为目的功能类型分类，生态环境空间管控政策的分区管理侧重于禁止开发区域、重点生态功能区、农产品生产区、优化开发区、重点开发区。

1.4.2.1 禁止开发区

各级环保部门在制定禁止开发区域生态环境空间管控政策时，要按照依法管理、强制保护的原则，围绕恢复或维护区域生态系统与生态功能展开，执行最严格的生态环境质量标准与保护措施，严格环境准入，尽可能保持生态环境质量的自然本底状况。

（1）生态环境质量达标管理方面

禁止开发区域应执行最严格的生态环境质量标准，设置的各类目标指标要具有较强的针对性和导向性，并严于同行政辖区内的工业化、城镇化地区。目标取值要参考当地多年平均值，并充分考虑人类活动、自然气象、地质条件等因素对生态环境演变趋势的影响，既要客观反映维护和改善区域生态环境质量的工作需求，也要符合实际、实事求是，确保目标指标的可监测、可考核和客观可达标，充分发挥质量达标管理对生态环境保护工作的目标导向性、政策引领性和成效检验性。

（2）主要污染物排放总量控制方面

上级政府在分配主要污染物排放总量控制指标时，应充分考虑禁止开发区域所在辖区主要污染物的实际减排空间，以及禁止开发区域对主要污染物自然净化、扩散、分解的贡献，从正负两个方面核定禁止开发区域对主要污染物排放总量控制的贡献，科学设定禁止开发区域占辖区国土面积比例较大行政区的主要污染物排放总量目标指标。

（3）产业准入环境管理方面

应严格依照相关法律法规规定执行，在严把环评准入关口的同时，严格监督查处各类违法开发建设活动，并严格追究相关责任人的法律责任；对区域已有以开发

建设为目的的人为活动，各级政府要因地制宜、循序渐进地制订、实施产业人口转移方案，引导人口向工业化、城镇化地区转移。

(4) 生态保护补偿制度设计方面

中央财政均衡性转移支付要充分考虑禁止开发区域所在辖区对周边（下游）区域的生态贡献，加大对禁止开发区域生态环境保护工程项目及管护能力建设的资金支持，降低辖区地方政府的财政负担；积极探索建立地区间横向生态保护补偿机制，鼓励生态环境受益地区采取资金补助、定向援助、对口支援等多种形式，补偿禁止开发区域因加强生态环境保护而损失的经济利益和发展权益。

(5) 生态保护红线方面

生态保护红线作为维护和保障国家生态安全的底线，是生态环境空间管控体系乃至国家空间规划体系必须严格保护的空间区域，是国家的基本生态用地。禁止开发区域纳入生态保护红线的空间，必须严格按照相关法律法规的要求，执行最严格的保护。同时，各类生态保护的建设工程项目与资金安排，应首先向生态保护红线倾斜，确保生态保护红线面积不减少、功能不降低、性质不改变。

1.4.2.2　重点生态功能区

在制定重点生态功能区生态环境空间管控政策时，应按照生态优先、适度发展的原则，着力推进生态保育，以维护区域生态服务功能、提升生态系统的抗干扰能力为目标，组织开展水源涵养、水土保持、防风固沙、生物多样性维护等生态保护与建设工程，保障区域生态系统的完整性和稳定性，构建生态安全屏障，坚决遏制生态系统退化的趋势。

(1) 生态环境质量达标管理方面

重点生态功能区应以保障区域生态功能不降低为宗旨，参照禁止开发区域设置。重点生态功能区土壤环境应维持自然本底水平，水源涵养和生物多样性维护型重点生态功能区水质达到地表水、地下水Ⅰ类，空气质量达到一级；水土保持型重点生态功能区的水质达到Ⅱ类，空气质量达到二级；防风固沙型重点生态功能区的水质达到Ⅱ类，空气质量应在现状基础上得到改善。

(2) 主要污染物排放总量控制方面

应参考禁止开发区域政策设计，在充分考虑重点生态功能区的生态环境贡献基础上，科学设定所辖行政区的主要污染物排放总量目标指标。

(3) 产业准入环境管理方面

对于重点生态功能区中相关法律法规明确规定禁止开展开发建设活动的区域，

各级环保部门依法实行严格管理；对于其他可以开展开发建设活动的区域，要配合发展改革等产业主管部门，制定实施重点生态功能区产业准入负面清单，依据负面清单严格建设项目环境影响评价审核等环境管理，严控重点生态功能区内产业的类型、规模与空间分布，从源头上防控各类开发建设活动可能产生的生态环境不良影响；对区域内已有不符合法律法规或负面清单规定的开发建设项目，各级政府制订实施转移方案，引导人口向工业化、城镇化地区转移。

（4）生态保护补偿制度设计方面

中央财政应进一步扩大重点生态功能区财政转移支付专项的资金规模和补偿范围。省级财政资金应抓紧完善省级以下转移支付体制，设立省级重点生态功能区财政转移支付专项资金，综合考虑生态系统服务功能重要性、重点生态功能区面积、生态保护与修复成效等因素，根据地方实际因地制宜地建立省级生态保护补偿机制。省级生态保护补偿资金的使用，要切实考虑欠发达且生态环境贡献较大地区的平等发展权，探索将省级生态保护补偿资金设定一定比例，通过聘用功能区内贫困人口参与生态保护与建设工作等方式，支持重点生态功能区范围内国家级贫困县的扶贫工作。

（5）生态保护红线方面

重点生态功能区范围内的区域一旦划入生态保护红线，要依照国家禁止开发区域的各项要求执行严格的保护、勘界定标，将明确具体的空间范围实际落地，加强对区域的日常监督管理与跟踪监测，坚决杜绝任何以开发建设为目的的人为活动干扰，不越雷池一步。

1.4.2.3 农产品主产区

农产品主产区的生态环境空间管控政策，应按照保障基本、安全发展的原则开展，优先保护耕地土壤环境，改善农村人居环境，保障农产品主产区的环境安全。

（1）生态环境质量达标管理方面

农产品主产区应以保障农产品环境安全为首要任务，重点做好水、土壤环境质量的监督管理，主要水产渔业生产区中珍稀水生生物栖息地、鱼虾类产卵场、仔稚幼鱼的索饵场等地表水达到《地表水环境质量标准》Ⅱ类要求，其他水产渔业生产区达到《地表水环境质量标准》Ⅲ类要求，并满足《渔业水质标准》；地下水达到《地下水质量标准》相关要求；农田灌溉用水应满足《农田灌溉水质标准》，严格控制重金属类污染物和有毒物质；重点粮食蔬菜产地执行《食用农产品产地环境质量评价标准》和《温室蔬菜产地环境质量评价标准》要求，一般农田土壤达到《土壤

环境质量标准》二级标准。农村区域环境空气质量应要求达到《环境空气质量标准》二级标准。

（2）主要污染物排放总量控制方面

主要污染物排放总量控制指标设置时，应充分考虑不同国土空间功能定位区域之间因经济结构、人口结构、能源消耗结构等因素造成的减排空间、主要污染物管控类型等方面的差异性。对以农业为主要经济来源的地区，应重点以引导降低农业生产和生活中产生的化学需氧量、氨氮排放量为主，同时兼顾秸秆等农业废弃物焚烧造成的季节性可吸入颗粒物浓度过高问题，不宜对农业化地区过多设置工业化、城镇化活动，以防造成二氧化硫、氮氧化物、挥发性有机物等主要污染物超标。

（3）产业准入环境管理方面

应以科学引导为主，辅以适当的控制性措施。通过生态环境保护与建设工程项目、政策资金，积极引导发展生态农业、农业观光、农产品深加工等适宜性产业；通过宣传教育提高公众生态环境保护意识、提高环境违法行为监督处罚力度、强化农村生态环境质量日常监管等手段，避免再次大范围出现村村烧锅炉、镇镇冒黑烟的情况，坚决防止高耗能、高污染的落后产能向农村转移。

1.4.2.4　优化开发区

优化开发区的生态环境空间管控政策，应按照严控污染、优化发展的原则，注重引导城市集约紧凑、绿色低碳发展，提高工矿建设和农业生产生活的空间利用效率，扩大优化城乡绿色生态空间，努力改善城乡生态系统破碎、环境污染物扩散渠道不畅、污染源布局不合理等空间问题。

（1）生态环境质量达标管理方面

应以维护人居健康、改善生态环境质量为目标，优先做好人民群众反映强烈的生态环境问题的整治。优化开发区域党政领导干部考核指标，应研究增加反映群众生态环境满意度、生态环境问题治理和重特大环境污染事故处理处置情况等方面的考核指标，切实提高各级政府部门对生态环境问题的重视。优化开发区域的一般城镇和工业区环境空气质量应达到《环境空气质量标准》二级标准。地表水环境质量应达到上级环境管理部门下达的质量标准要求，集中式生活饮用水地表水水源地一级保护区应达到Ⅱ类标准及补充和特定项目要求，二级保护区及准保护区应达到Ⅲ类标准及补充和特定项目要求；基本消除劣Ⅴ类水体，工业用水应达到Ⅳ类标准，景观用水应达到Ⅴ类标准，纳污水体要求不影响下游水体功能，地下水达到《地下水质量标准》相关要求。土壤环境达到《土壤环境质量标准》和土壤环境风险评估规范确定的目标要求。

（2）主要污染物排放总量控制方面

优化开发区域主要污染物排放总量控制指标设置，应在完成国家“规定动作”的基础上，自行选取对区域生态环境影响突出的特征污染物，主动开展减排工作。要通过对区域特征污染物来源、结构的分析，科学测算减排空间，合理制订减排方案。如环渤海地区的京津冀地区等雾霾严重的优化开发区域，应率先在全国开展可吸入颗粒物减排工作，倒逼地方各级政府，通过调整产业布局、优化能源结构、淘汰落后产能、强化环境监管等措施，切实改善区域空气环境质量。在管理上，优化开发区域要率先开展排污许可管理制度，将排污许可证允许的排放量作为企业污染物排放总量控制的依据，实现区域所有主要污染物排放企业依法、依证管理，促进主要污染物排放总量有序下降。

（3）产业准入环境管理方面

优化开发区域的生态环境空间管控政策措施，应以国家区域发展战略总体布局为基础，积极配合国家有关政策，通过建设项目环境影响评价、主要污染物排放总量削减等手段，引导和促进优化开发区域的空间结构、城镇布局、人口分布、产业结构、发展方式、能源消费结构、基础设施布局和生态系统格局，加快推进落后产能搬迁淘汰进程，着力提升城镇生态环境安全保障能力和水平，提高区域综合竞争力。

（4）生态保护补偿制度设计方面

优化开发区域应主动承担更多的生态环境保护责任与义务，积极探索建立区域（流域上下游）之间的横向生态保护补偿机制。经济相对发达的生态环境受益地区，应主动对流域上游或周边生态环境保护地区在水生态环境保护、大气污染防治、水资源和能源供给、生态安全屏障建设等方面做出的贡献予以相应的补偿。生态环境受益地区应主动探索，通过采取资金补助、定向援助、对口支援等形式，建立稳定的资金补偿或互惠互助机制，对生态环境保护地区因加强生态环境保护损失的经济利益和发展权益给予补偿。

1.4.2.5 重点开发区域

重点开发区域作为我国经济社会发展潜力较大、国家明确的未来工业化城镇化重点集中发展的地区，生态环境空间管控应按照强化管制、集约发展的原则，率先推动建立基于环境承载能力的城市环境功能分区管理制度，以此作为生态环境空间管理的基础依据，积极融入国家、区域和市县空间发展战略的政府宏观决策当中。

在各级政府统筹规划国土空间、健全城市规模结构、促进人口集聚、谋划现代化产业体系、提升发展质量和效益、布局基础设施建设等方面，加强对未来生态环境空间管控需求的优化和管理，从源头上优化开发建设布局，维护生态安全格局，降低污染物排放强度，完善生态环境基础设施，改善环境质量。

（1）生态环境质量达标管理方面

指标的选取和设置应参考优化开发区域指标设置，并侧重于减少工业化、城镇化开发建设活动对生态环境的影响，避免资源能源过度开发造成生态环境压力过大的情况，努力提高生态环境质量。管理目标指标的设置上，以维护环境健康为基本要求，严格防范因管理缺位造成的累积性、结构性环境污染问题。

（2）主要污染物排放总量控制方面

重点开发区域要严格落实上级下达的主要污染物减排任务，对于已超过或接近区域生态环境承载能力上限，或严重制约区域可持续发展的主要污染物，要通过签订任务书、责任状，将减排任务层层分解落到实处，加快推进落后产能淘汰搬迁，并严格限制区域新增排放此类污染物项目的审批。有条件的地区还应因地制宜地主动开展区域主要特征污染物的减排工作。

（3）产业准入环境管理方面

重点开发区域应按照不同区域生态环境本底和功能的差异，制定实施差异化的分区管控措施，具体应参照原环境保护部联合国家发展改革委印发的《关于贯彻实施国家主体功能区环境政策的若干意见》（环发〔2015〕92 号），严格执行对国家级重点开发区域制定分区管控政策。同时，还应强化生态环境风险防范，建立风险监测、预警和控制机制，严格控制区域高生态环境风险产业或工艺的发展。

（4）生态保护补偿制度设计方面

重点开发区域在开发建设过程中，应同时兼顾生态环境保护的责任。上级政府应在合理谋划工业化、城镇化发展布局的基础上，借鉴成熟经验，探索建立横向生态保护补偿机制，协调重点开发区域与区域（流域上下游）生态环境保护或供给地区通过采取资金补助、项目合作、承接产业与人口转移等方式，加强与重点生态功能区等生态环境保护地区的合作共建，加强对生态环境保护与资源供给地区的生态环境保护行为的支持，强化区域良好生态环境、资源能源供给，从整体上有效促进区域经济社会的可持续发展。

第2章　西藏开展生态环境空间管控研究

根据国家开展生态环境空间管控的相关要求，结合西藏自治区实际情况，进一步厘清思路，构建自治区级、县级两级规划体系，通过开展环境功能分区，划定生态保护红线，实现全区生态环境空间管控。

2.1　现实需求

西藏自治区素有“雪域高原”之称，既有宏伟壮丽的自然景观，又有丰富、独特、别具一格的人文景观，是世界重要的旅游目的地。区域生态类型多样，生物资源较为丰富，森林、湿地、草原、湖泊、荒漠等生态系统均有分布，是世界上生物多样性最为丰富的地区之一，是生物多样性重要的基因库。随着经济社会的发展，大量的开发建设活动引发了诸多的环境问题，生态环境保护压力持续加大。这决定了环境保护工作不仅要末端治理，还要源头控制。因此，为避免走先污染、后治理的道路，西藏有必要开展环境功能区划与生态保护红线研究，明晰不同区域环境功能类型，实施分区发展引导措施；明确维系区域生态安全最基本的生态空间，实施严格的生态保护红线管控。按照区域环境功能定位有序开发，才能从根本上确保环境保护工作的科学性和高效性。

2.1.1　区域发展不协调，亟待加强空间布局优化

西藏国土空间面积较大，约占全国国土面积的1/8，为我国面积第二大省（区）。但是海拔小于3 000 m的国土面积只有5.74万km^2，仅占其国土空间面积的4.7%；海拔大于4 500 m的不适宜人类生存的面积达到96.04万km^2，约占其国土空间面积的80%。适宜城镇建设和农业发展的土地资源相对偏少，城镇发展与保护耕地的空间矛盾较为突出。全区经济总量持续快速增长，初步形成了藏中、藏东和藏西的经济发展格局。但在区域间协调发展、区域内部协作中缺乏有效机制。城乡之间、腹心地区与边境地区、资源富集地区与资源贫乏地区的差距比较大，区域发展不够协调，亟待通过空间布局优化统筹区域社会经济的均衡发展。

2.1.2　区域生态环境资源的地域差异性大，有利于开展分区精细化管理

复杂的地形和强烈的地理分异，使西藏生态环境资源（主要为农业、林业、牧业）的地区差异明显。耕地集中在藏中南部地区的河谷地带，东部及南部河谷地区也有少量的河谷农业，而广大北部和西北部地区只能生长牧草，形成了几乎清一色的牧业；东部和东南部山地区森林资源十分丰富，是林地集中分布区。这种强烈的生态环境资源的地区反差有利于地区专业化的发展，有利于在自然分异基础上形成完善的劳动地域分工。这种生态环境资源地域差异性是西藏生产力布局调整和资源合理配置的基础，是西藏实现分区精细化管理的前提。

2.1.3　区域生态环境问题地域差异大，有待加强环境分区引导发展

西藏地域辽阔，由于地形地貌、气候、资源、社会经济发展的不同，区域生态环境问题表现出极大的差异性。藏东及藏东北海拔 4 000 m 以上和藏西及藏南海拔 4 400 m 以上区域为冰川消融、冻融侵蚀极敏感区，区域生态环境极其脆弱。藏南、藏东高大山区和高山深谷区，山体坡度较大，极易发生水土流失或出现崩塌、滑坡和泥石流等山地灾害。随着城镇化建设进程的推进，局部地区水环境问题也逐步显现，拉萨市城区段流域水环境质量在拉萨河上游污染程度较轻、中下游污染较严重。这种生态环境问题在时空上的差异性，迫使西藏生态环境保护工作必须分类实施有针对性的管控措施，通过环境功能分区引导区域社会经济协调发展。

2.1.4　区域作为国家生态安全屏障的重要组成部分，亟须实施生态保护红线管控

2005 年，《中共中央、国务院关于进一步做好西藏发展稳定工作的意见》明确指出：将西藏纳入国家生态环境重点治理区域，构建西藏高原生态安全屏障。但西藏地形地貌复杂多样，地壳运动活跃，地表物理风化作用强烈，冻融侵蚀作用分布广泛，水土保持能力差，山体坡面物质极不稳定。全区约有 92%的国土面积处于寒冷、寒冻和冰雪作用极为强烈的高寒环境中，大部分地区干旱作用影响显著。受全球气候变化影响以及人为干扰，部分地区森林破坏、水土流失、土地沙漠化、草地退化，生态系统功能退化容易、恢复难。生态环境的脆弱性和生态系统功能的退化，致使构建西藏生态安全屏障任务艰巨。目前，西藏地区亟须推动生态保护红线划定与保护工作，开展区域生态保护红线、环境质量安全底线和资源利用上线的划分研

究，实施最严格的生态保护红线管控措施，为国家生态安全屏障建设提供生态保护战略。

2.2 研究思路

依据《环境功能区划编制技术指南（试行）》和《生态保护红线划定技术指南》，结合西藏生态环境特点，建立符合地方实际的环境功能评价指标体系，并进行环境功能综合评价，按照主导因素法依次识别各区域主导环境功能类型；结合经济社会现状布局和发展趋势，综合考虑与各类相关规划的有机衔接，确定全区环境功能区划分方案，划定生态保护红线，明确各类功能区的环境目标、分区管控要求，制定红线管控对策。

2.3 框架体系

2.3.1 规划分级

西藏生态环境功能区规划体系分为自治区级和县（区）级两级，“自上而下”、逐级落实分区管理、分级管控的政策措施。本书所述规划为自治区级规划。

（1）自治区级生态环境功能区规划

自治区级生态环境功能区规划是落实国家环境功能区划要求，指导和约束县（区）级环境功能区划编制与实施，具有承上启下，兼具宏观指导性和可操作性的中观层面区划，是自治区级重大开发决策的基本依据。其主要任务是落实《全国环境功能区划方案》要求，明确全区环境功能分区和生态保护红线总体布局，制定分区分类管理的原则要求，重点解决对全区生态安全格局有重要影响的，需要跨市、县域协调的重大生态环境问题，强化宏观环境政策的约束和引导，以全区大区域、流域为尺度优化生态环境空间格局。

（2）县（区）级生态环境功能区规划

县（区）级生态环境功能区规划是生态环境空间管制的控制性详规，为建设项目落地和区域开发提供可指导、可操作、可落地的生态环境空间管制基本依据。其主要任务是“自下而上”落实区级生态环境功能区规划纲要要求，明确本地区环境功能分区方案，划定本地区的生态保护红线，确定环境功能区边界，细化分区差别化管控措施，明确分区管控的负面清单。

2.3.2 分区体系

根据区域保障自然生态安全和维护人群环境健康两个方面的基本功能，统筹考虑生产、生活、生态空间布局，将西藏自治区国土空间划分为自然生态保留区、生态功能保育区、食物环境安全保障区、聚居环境维护区和资源开发环境引导区 5 个环境功能区。在各类功能区内，根据环境功能的体现形式差异或环境管理要求差异，进一步划分为 11 个环境功能亚区，具体见表 2－1。

表 2－1 西藏生态环境功能区规划分区体系

<table>
<tr><th>环境功能区</th><th colspan="2">环境功能亚区</th><th>生态保护红线</th></tr>
<tr><td rowspan="2">Ⅰ自然生态保留区</td><td colspan="2">Ⅰ－1 自然文化资源保留区</td><td>红线区</td></tr>
<tr><td colspan="2">Ⅰ－2 饮用水水源地保护区</td><td>红线区</td></tr>
<tr><td rowspan="2">Ⅱ生态功能保育区</td><td>Ⅱ－1 极重要敏感区</td><td rowspan="2">水源涵养型
水土保持型
防风固沙型
生物多样性维护型</td><td>红线区</td></tr>
<tr><td>Ⅱ－2 一般重要敏感区</td><td>非红线区</td></tr>
<tr><td rowspan="2">Ⅲ食物环境安全保障区</td><td colspan="2">Ⅲ－1 农产品环境安全保障区</td><td>非红线区</td></tr>
<tr><td colspan="2">Ⅲ－2 畜牧产品环境安全保障区</td><td>非红线区</td></tr>
<tr><td rowspan="3">Ⅳ聚居环境维护区</td><td colspan="2">Ⅳ－1 环境优化区</td><td>非红线区</td></tr>
<tr><td colspan="2">Ⅳ－2 环境治理区</td><td>非红线区</td></tr>
<tr><td colspan="2">Ⅳ－3 环境风险防范区</td><td>非红线区</td></tr>
<tr><td rowspan="2">Ⅴ资源开发环境引导区</td><td colspan="2">Ⅴ－1 矿产资源开发引导区</td><td>非红线区</td></tr>
<tr><td colspan="2">Ⅴ－2 水能资源开发引导区</td><td>非红线区</td></tr>
</table>

自然生态保留区和生态功能保育区构成了全区生态安全战略格局，为国民经济的健康持续发展提供基本生态安全保障，是生态保护红线的划定区域；食物环境安全保障区、聚居环境维护区是承载全区主要人口分布和经济社会活动的区域，重点保障区域人居环境健康和农牧产品生产的环境安全；资源开发环境引导区是合理开发利用资源、保障环境安全的重要区域。

（1） Ⅰ自然生态保留区

自然生态保留区是指具有较高自然文化资源价值的区域，包括有代表性的自然生态系统、珍稀濒危野生动植物物种的天然集中分布地，有特殊价值的自然遗迹所在地。该区主要为法律法规确定的保护区域，如自然保护区、世界文化自然遗产、风景名胜区、森林公园、地质公园、饮用水水源保护区等。该区划分为自然文化资源保留区和饮用水水源地保护区两个亚区。

Ⅰ—1 自然文化资源保留区：指依法设立的各级自然保护区、风景名胜区、世界文化自然遗产、森林公园、地质公园、湿地公园、重要湿地、水产种质资源保护区、重点文物保护单位等区域。

Ⅰ—2 饮用水水源地保护区：指为防止饮用水水源地污染、保证水源地环境质量而划定并要求加以特殊保护的一定面积的水域和陆域。

自然生态保留区范围除《西藏自治区主体功能区规划》确定的禁止开发区域外，还包括市县级自然保护区、重点文物保护单位、西藏自治区环境保护规划中确定的城镇饮用水水源保护区。

（2） Ⅱ生态功能保育区

生态功能保育区是指生态系统功能重要，关系自治区或较大范围区域生态安全，维持并提高水源涵养、水土保持、防风固沙、维持生物多样性等生态调节功能的稳定发挥，保障区域生态安全的区域。该区划分为极重要敏感区和一般重要敏感区两个亚区，包括水源涵养、水土保持、防风固沙、生物多样性维护等类型。

Ⅱ—1 极重要敏感区：指水源涵养、水土保持、防风固沙、生物多样性维护等生态系统服务功能极重要，以及水土流失、土地沙化、冻融侵蚀等生态环境极敏感脆弱的区域。

Ⅱ—2 一般重要敏感区：指水源涵养、水土保持、防风固沙、生物多样性维护等生态系统服务功能高度重要，以及水土流失、土地沙化、冻融侵蚀等生态环境高度敏感脆弱的区域。

水源涵养型：指自治区重要江河源头和重要水源补给区，以提供水源涵养生态服务功能为主的区域。

水土保持型：指土壤侵蚀性高、水土流失严重，以提供水土保持生态服务功能为主的区域。

防风固沙型：指沙漠化敏感性高、土地沙化严重、沙尘暴频发并影响范围较大，以提供防风固沙生态服务功能为主的区域。

生物多样性维护型：指濒危珍稀动植物分布较集中、具有典型代表性生态系统、以维护生物多样性为主的区域。

生态功能保育区范围基本上包括《西藏自治区主体功能区规划》确定的限制开

发区（重点生态功能区），还包括生态公益林、江河源头生态功能保护区以及根据《生态保护红线划定技术指南》开展生态系统服务功能重要性评估和生态敏感性与脆弱性评估确定的生态保护重要区域。

（3）Ⅲ食物环境安全保障区

食物环境安全保障区是指以支撑农牧产品产出环境安全为主，确保主要粮食及优势农产品主产区、主要畜牧业发展地区环境质量稳定，避免有害物质积累，防控农牧产品对人群健康风险的区域。该区划分为农产品环境安全保障区和畜牧产品环境安全保障区两个亚区。

Ⅲ－1 农产品环境安全保障区：指具备良好生产条件，是全区主要粮食及优势农产品生产基地，是保障主要农产品产地环境安全、为农产品生产提供健康环境的区域。

Ⅲ－2 畜牧产品环境安全保障区：是全区生态畜牧产品生产区，优质牦牛绿色肉、奶食品原料生产基地，是保障畜牧产品质量和数量、确保畜牧产品产地环境安全的区域。

食物环境安全保障区范围上相当于《西藏自治区主体功能区规划》确定的限制开发区（农产品主产区）。

（4）Ⅳ聚居环境维护区

聚居环境维护区是指环境服务功能以支撑人口和产业聚集为主，为新型城市化战略格局提供环境健康保障的区域。该区域包括工业化和城镇化发展较快、生态环境压力较大、资源和环境问题显现的地区，大气污染重点治理区、水污染重点治理区、重金属污染重点防控区，以及资源重点开发区域周边的区域。该区划分为环境优化区、环境治理区和环境风险防范区 3 个亚区。

Ⅳ－1 环境优化区：是全区人口聚居度相对较大、环境质量现状优良、经济相对较发达的城市规划区，其主导功能为提供健康的人居环境、加强污染治理设施建设、避免环境恶化。

Ⅳ－2 环境治理区：是全区重要的人口聚集区和经济密集区，是支撑自治区未来城市化、工业化快速发展的地区，是环境污染现状相对突出、环境质量较差、需要强化污染治理、优化经济开发活动的区域。

Ⅳ－3 环境风险防范区：是全区重大环境风险源集中分布和未来规划发展可能对区域或流域带来明显环境风险隐患的区域。

（5）Ⅴ资源开发环境引导区

资源开发环境引导区是指矿产资源丰富的矿产资源勘查开发基地、水能资源丰富的河段，是保障当地及周边地区生态环境安全的区域，重点维护资源集中连片开发区域的生态环境质量。该区划分为矿产资源开发引导区和水能资源开发引导区两个亚区。

Ⅴ－1 矿产资源开发引导区：指区域矿产资源开发强度较高的区域以及矿产资源重点开采区。

Ⅴ－2 水能资源开发引导区：指水资源开发强度较高的区域以及水能资源重点开发区。

（6）Ⅵ生态保护红线

生态保护红线是指依法在重点生态功能区、生态环境敏感区和脆弱区等区域划定的严格管控边界，是国家和区域生态安全的底线。生态保护红线所包围的区域为生态保护红线区，对于维护生态安全格局、保障生态系统功能、支撑经济社会可持续发展具有重要作用。

生态保护红线区包括自然生态保留区的全部和生态功能保育区中的亚区极敏感重要区。

2.4 技术路线

根据国家相关工作部署和技术规程要求，采用“自上而下”与“自下而上”相结合的思路开展西藏生态环境功能区规划编制。根据国家分级体系，落实全国环境功能区划和生态保护红线要求，编制自治区级生态环境功能区规划，同时选择典型县市开展县级生态环境功能区规划编制试点。根据全区规划要求和市县试点经验反馈，全面开展县级生态环境功能区规划编制。

深入分析西藏自治区生态环境与社会经济评估，研究提出西藏自治区根据环境功能进行分区管理、分类指导的管理需求，提出区域环境功能区划方案及分区管控对策，针对不同分区从维护区域生态功能的角度，提出西藏自治区生态保护红线体系和管控对策，提出针对性的生态环境保护政策，设计基于规划的环境空间管理展示框架，为优化西藏自治区生态安全格局、实施差异化管理、促进经济社会可持续发展提供研究依据。

西藏自治区生态环境功能区规划主要技术路线见图 2－1。

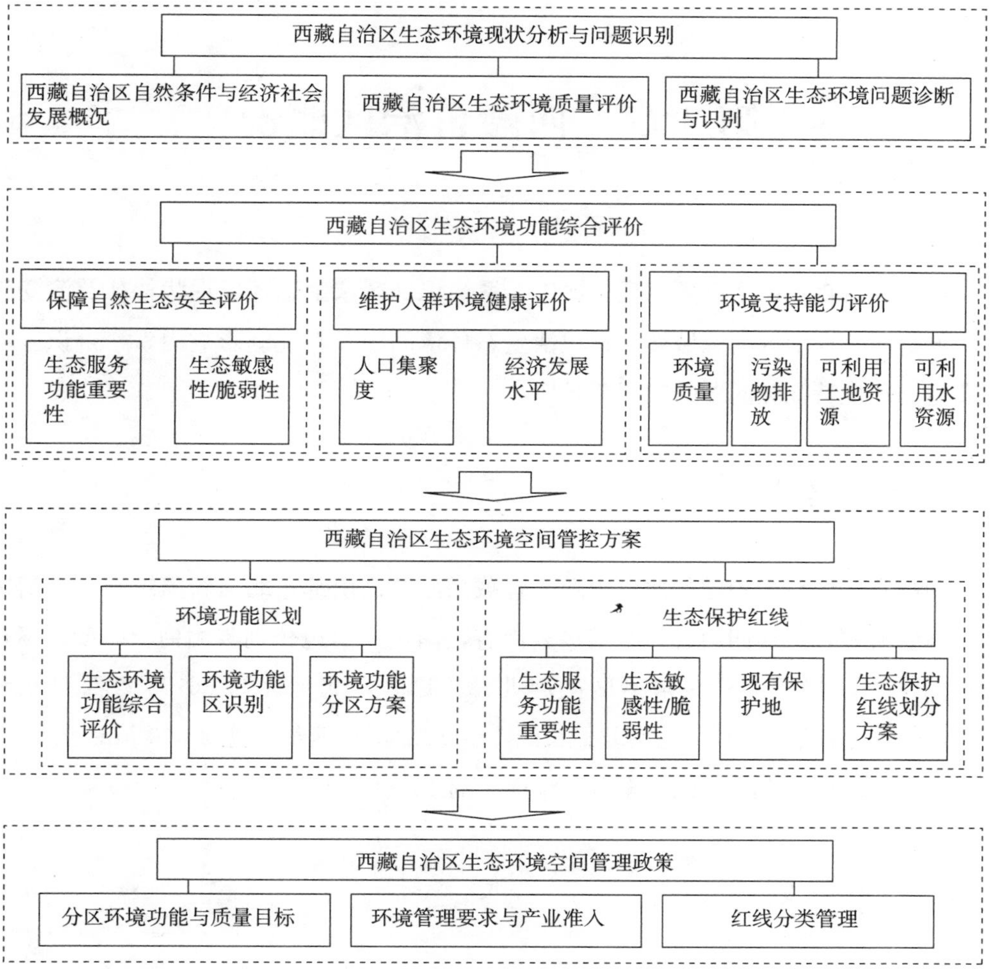

西藏自治区生态环境现状分析与问题识别

- 西藏自治区自然条件与经济社会发展概况
- 西藏自治区生态环境质量评价
- 西藏自治区生态环境问题诊断与识别

西藏自治区生态环境功能综合评价

- 保障自然生态安全评价
  - 生态服务功能重要性
  - 生态敏感性/脆弱性
- 维护人群环境健康评价
  - 人口集聚度
  - 经济发展水平
- 环境支持能力评价
  - 环境质量
  - 污染物排放
  - 可利用土地资源
  - 可利用水资源

西藏自治区生态环境空间管控方案

- 环境功能区划
  - 生态环境功能综合评价
  - 环境功能区识别
  - 环境功能分区方案
- 生态保护红线
  - 生态服务功能重要性
  - 生态敏感性/脆弱性
  - 现有保护地
  - 生态保护红线划分方案

西藏自治区生态环境空间管理政策

- 分区环境功能与质量目标
- 环境管理要求与产业准入
- 红线分类管理

图 2－1　西藏自治区生态环境功能区规划技术路线

第3章　西藏自治区概况

进行西藏自治区生态环境现状评价，系统识别区域生态环境现状特征及演变趋势，剖析西藏自治区的区域性、累积性生态环境问题及其关键影响因素，辨识区域主要生态环境特征和问题的空间差异性。

3.1　地理区位

西藏自治区位于中国的西南边陲、青藏高原的西南部，北与新疆维吾尔自治区和青海省毗邻，东连四川省、东南接云南省，南边和西边分别与缅甸、印度、不丹和尼泊尔等国接壤。西藏自治区南起北纬 26°52′，北至北纬 36°32′；西自东经 78°24′，东到东经 99°06′。它南北最长约 1 000 km，东西最宽达 2 000 km。全区土地面积为 120 多万 km^2，约占全国陆地面积的 12.5%。

3.2　行政区划

西藏自治区辖拉萨市、日喀则市、昌都市、林芝市、山南市、那曲市、阿里地区等 7 地（市），共 8 个市辖区、66 个县、545 个乡、214 个居民委员会、5 261 个村民委员会。2015 年，全区总人口为 323.97 万人，男女比例为 50.71∶49.29，全区人口出生率为 15.75‰、死亡率为 5.10‰、自然增长率为 10.65‰。

3.3　自然条件

3.3.1　地质独特，地貌奇异

西藏作为青藏高原的主体，是印度板块和欧亚板块相互作用下形成的一个巨大的块状隆起区，是世界上最年轻的地质构造单元。高原持久快速隆升带来的地形屏障作用越来越突出，表现为高原内部气候干旱化，湖群萎缩，荒漠草原和荒漠化草原扩大。

藏北羌塘高原地域辽阔，是由许多坡度和缓的高原丘陵山地和湖盆宽谷所构成的高海拔高原，海拔为4 500～5 000 m；在藏南和藏西高原山地间，宽谷发育，平地面积大，长度较长和宽度较大的宽谷平地主要分布于雅鲁藏布江干流中游及其主要支流拉萨河、年楚河、尼洋河等中下游地区；西藏东部和东南部发育了世界上罕见的幽深狭窄的峡谷地貌类型，其中雅鲁藏布大峡谷长约200 km，相对高差5 000～6 000 m，河床落差达2 300 m，河床平均坡降超过10‰，最大达62‰，为世界第一大峡谷；此外，在昌都地区的“三江”并流区，岭谷高差达2 000～3 000 m，为世界上所少见。

3.3.2 气象特征差异大，极具高原特色

西藏在全国气候区划中属青藏高原气候区，其基本特点是太阳辐射强烈、日照时间长、气温低、空气稀薄、大气干洁、干湿季分明、冬春季多大风。西藏除东南部以外，年日照时数一般在2 000 h以上，日照百分率超过50%，呈现东南低、西北高的特点。

西藏气温地域差异明显。高原东南部河谷地区气温高，并表现出明显的垂直变化。温度最高的地方分布于雅鲁藏布江大拐弯以南低山区和横断山脉地区的“三江”并流区，年均气温分别在16 ℃和10 ℃以上，最热月均温分别在22 ℃和15 ℃以上。藏西北高原温度低，多数地区年均气温0 ℃以下，最冷月均气温低于－10 ℃，极端最低温度达－44.6 ℃，一年中月均气温在0 ℃以下的月份长达7个月以上，大部分地区无霜期只有10～20 d。

西藏降水主要受暖湿西南季风所支配，藏东南低山平原区年降水量达4 000 mm以上，是我国降水量最多的地区之一。由此向高原西北地区逐渐减少，藏北羌塘高原为300～100 mm，藏西北改则、日土县北部不足100 mm，局部地区只有50 mm左右。

西藏不仅大风多、强度大，而且连续出现的时间长，那曲、申扎、改则和狮泉河年均大风（≥8级）出现日数均在100 d以上。大风多出现于12月至次年的5月，在此期间大风日数占全年的75%左右，以2—4月最为集中，占全年大风日数的50%左右，是沙尘暴和沙尘天气最易发生的季节。大风集中于冬、春两季，加之降水极少，对农牧业生产极为不利。

3.3.3 河流密布，水系发达

西藏是我国河流最多的省区之一，流域面积大于1万 km^2 的河流有20多条。

亚洲著名的长江、怒江（萨尔温江）、澜沧江（湄公河）、印度河、雅鲁藏布江（布拉马普特拉河）都源于或流经西藏。河流分外流与内流两大系统，外流水系的流域面积占全区面积的49.1%，内流水系流域面积占50.9%。

西藏不仅是世界上海拔最高的高原湖沼分布区，而且是我国湖泊、沼泽分布最集中的区域之一。据不完全统计，西藏境内面积大于1 km^2 的湖泊有819个，约占全国湖泊数量的27.8%，总面积24 949 km^2，约占全国湖泊总面积的26.3%；西藏境内拥有各类湿地约600万 hm^2，占全区土地总面积的4.9%。

西藏是世界上山地冰川最发育的地区，有海洋性冰川和大陆性冰川22 468条，冰川面积28 645 km^2，分别占全国冰川条数、面积的48.5%和48.2%。冰川融水径流325亿 m^3，约占全国冰川融水径流的53.6%。全区75%的冰川分布于外流水系流域，25%分布于藏北内陆水系流域。

3.3.4 植被种类丰富，土壤类型多样

西藏受地势、地貌和水热条件变化的影响，形成多种多样的植被类型，主要有森林、灌丛、草甸、草原、荒漠等。西藏境内土壤类型多样，具有从热带到高山冰缘环境的各种土壤类型，大体上可划分为两大系统：①大陆性荒漠土、草原土、草甸土系统，包括高原面上各种草被下发育的高寒土类；②海洋性森林土系统，包括藏东南和喜马拉雅山南翼各类森林及高山灌丛植被下发育的土壤。全区有28个土壤类型，其中可耕种的有16个。在可耕土壤中，山地灌丛草原土面积最大，占全区可耕种土壤面积的34%。西藏自然条件的特殊性，反映在土壤特征上具有成土过程的年轻性和土壤发生的多元性。

3.4 社会经济

3.4.1 经济发展稳步加快，第二、第三产业增速明显

2015年，西藏自治区实现地区生产总值1 026.39亿元，其中：第一产业增加值98.04亿元，第二产业增加值376.19亿元，第三产业增加值552.16亿元。

2015年，7个地（市）的地区生产总值增长速度为10.8%～11.2%，其中拉萨市、昌都市和林芝市最高（11.2%），那曲地区、阿里地区相对较低（10.8%）。在三产的增长速度中，各地区的第一产业增长速度均较低，第二、第三产业的增长速度明显高于第一产业。日喀则市的第二产业增长速度较快（17.4%），山南市的第三

产业增速较快（11.5%）。

3.4.2 城镇发展规模较小，城镇经济发展辐射能力弱

据有关资料统计，目前自治区在过去14年内保持了人口年均增长16‰的速度，其中市镇人口有898 700人，乡村人口有2 341 000人。西藏实现了从新中国成立前90%以上的人无自己住房到现在98.7%的农牧民拥有自己的住房，全区城镇居民人均居住面积达32.75 m²，农牧民人均居住面积达26.19 m²。

改革开放以来，随着第五次、第六次中央西藏座谈会的召开，在内地省份的大力援藏和自治区各级领导的重视下，西藏城镇不断地发展壮大。根据西藏统计年鉴，截至2015年，西藏的城镇化率为27.74%，近五年来西藏城镇化率的变化趋势见图3－1。

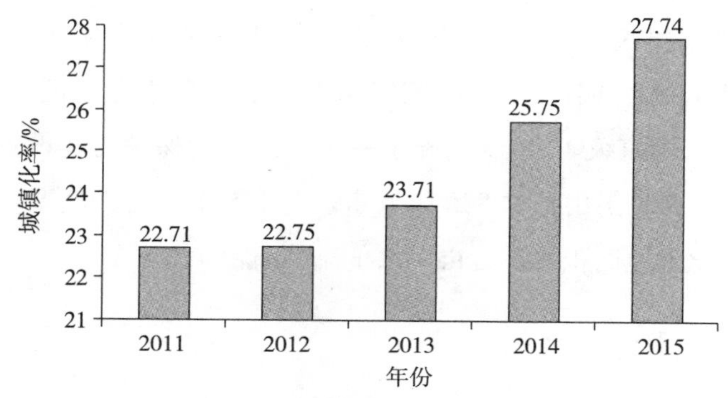

图3－1 2011—2015年西藏自治区城镇化率变化趋势

目前西藏已经形成了以拉萨为中心，以那曲、阿里、山南、林芝、昌都和日喀则为次中心，以其他县城、边贸口岸为基础的三级城镇体系。但西藏自然条件差，区域辽阔，城镇经济基础较薄弱，公共服务体系不健全。城镇发展规模较小，城镇经济发展辐射能力弱。小规模的城镇越多，财政的负担越大，有限资金的利用率也就越低，致使每个城镇的平均建设资金大大减少，不利于城镇的发展和提高城镇的竞争力。同时，由于受到行政区划的制约，一些经济区域的基础设施不能共享，基础设施、公用设施在低水平上重复建设，造成部分资源浪费，导致城镇建设形不成规模，并阻碍了人口和其他资源的进一步聚集。

3.4.3 重点行业发展稳健，能源资源开发加速

近年来，西藏立足高原特色，依据资源优势，推进新型产业化发展。以培育壮大水电等清洁能源、天然饮用水、优势矿产业三大战略支撑产业为重点，突出扩大

规模、提高效益、增强竞争力三个关键，做大做强资源优势产业，做优做精特色产业，优化升级传统产业，培育发展新兴产业，打造西藏标识知名产业品牌，大力发展园区经济，形成资源驱动、集约高效、结构优化、绿色低碳的西藏特色工业化道路。随着交通基础设施的快速发展，藏药业、民族手工业和旅游业发展逐年递增。

3.5 生态环境状况

3.5.1 生态建设成效显著

中央把西藏确定为国家重要的生态安全屏障，国务院审议通过了《西藏生态安全屏障保护与建设规划（2008—2030 年）》，提出到 2030 年基本建成西藏生态安全屏障。目前对重要生态区域和生物多样性实施了有效保护，截至 2015 年年底，共建立各级各类自然保护区 47 个（国家级 9 个），建立了 8 个生态功能区（国家级 2 个）、9 个国家森林公园、10 个国家湿地公园、4 个地质公园（国家级 3 个）、16 个风景名胜区（国家级 4 个）。实施了一批生态环境保护与建设重点工程，完成人工造林 44.15 万亩、封山育林 80.03 万亩，对 6 841 万亩天然草场实施了退牧还草工程，治理沙化土地面积 226 万亩、水土流失面积 423 km^2。

3.5.2 环境质量总体良好

全区受保护区域面积占国土面积的 1/3 以上，区域环境质量保持在良好状态，大部分重要生态区域处于原生状态。全区主要江河水质全面好于Ⅲ类，部分河流水质达到Ⅱ类，主要湖泊水质总体达到Ⅰ类；全区城镇集中式饮用水水源地水质达标；重点城市和城镇环境空气质量达到二级标准；全区没有出现酸雨；土壤环境质量良好；环境噪声、交通噪声符合国家标准；辐射环境处于安全状态。

3.5.3 环境治理不断加强，城乡人居环境持续改善

“十三五”期间，将以解决区内出现的突出环境问题以及未来发展面临的环境安全风险为重点，坚持预防为主、综合治理，加大保护力度，推进水、大气、土壤三大重点领域环境保护，维护和提高现有环境质量。严格限制污染行业，加大各类污染治理力度。加快自然保护区规范性建设，探索推进生态搬迁工作。加强交通干线、旅游景区景点等重要区域的综合环境治理。提高城乡生活垃圾与污水处理能力，实施以绿化、亮化、硬化、美化为重点的人居环境整治工程，保护和改善城乡人居环

境。加强环境监管，健全环境保护的标准体系，完善环境保护政策，提高应对气候变化和环境监测、预警、应急能力，防止各类人为破坏。

3.6　资源状况

3.6.1　土地资源不均衡

西藏自然条件复杂多样，区域差异明显，土地资源分布不均。位于西藏东部的藏东高山峡谷农林牧区，占全区土地面积的14.5%；位于自治区南部边境地带的西藏边境高山深谷林农区，占全区土地面积的9.0%，是西藏独特的热带、亚热带经济植物区；拉萨市、日喀则市和山南市所在的藏中高山宽谷农区，占全区土地面积的4.6%，是人口稠密、经济相对发达的全区政治、经济、文化的中心；位于藏中高山宽谷农区以南喜马拉雅山脉主脊线以北的高山湖盆牧农区，占全区土地面积的7.3%；位于自治区北部的藏北高原湖盆牧区，占全区土地面积的48.7%，是西藏最大的牧业区；除此之外，西藏北部的藏北高原未利用区，占全区土地面积的15.9%。

3.6.2　水资源丰富

西藏是我国河流与湖泊分布最多的省区之一，水资源十分丰富。全区多年平均水资源总量为4 394亿 m^3，人均占有量近20万 m^3，居全国第一位。西藏的河流和湖泊按其外流海域可划分为四大水系，即太平洋和印度洋外流水系、藏北和藏南内流水系。根据第一次全国水利普查结果，西藏境内面积大于100 km^2 的湖泊有59个，其中色林错是西藏最大的湖泊，湖面海拔4 530 m，湖水面积2 209 km^2。

西藏河川径流的补给有降水、冰雪融水和地下水三种形式。河流普遍具有地区差异悬殊、年季变化小、年内分配不均匀和难以充分利用的特点。在时段分配上，多数河流在6—9月为汛期，流量占全年的65%～80%，11月至次年4月为枯期，流量不足年径流的20%，最大月径流量一般出现在七八月。

3.6.3　矿产资源种类多样，储量富足

西藏复杂的地质背景，造成有利的成矿条件，形成丰富的矿产资源。西藏矿产资源具有类型较多、选冶难易差别大、共伴生矿普遍和分布不均匀等特点。目前已发现矿种（亚矿）103种，有查明矿产资源储量的49种，矿床、矿点及矿化点

3 000多处。优势矿产资源铜、铬、铅、锌、钼、锑、金、盐湖锂硼钾矿、高温地热、天然矿泉水等均具有广阔的找矿前景。在已查明矿产资源储量的矿产中，铬、铜、盐湖锂硼、高温地热等矿产资源储量在全国排名第一。

3.6.4 可再生能源富集，矿物能源相对缺乏

西藏的能源资源主要是水能、太阳能、风能等可再生能源，以及薪草、畜粪等生物质能和地热能源。水能资源理论蕴藏量为 2 亿多 kW，占全国的 29.7%，居全国首位，全区技术可开发水能资源仅次于四川、云南两省，居全国第三位；地热能蕴藏量居全国首位，地热显示点有 600 多处；太阳能资源在世界上仅次于撒哈拉大沙漠，太阳的年总辐射热量为 6 000～8 000 MJ/m²；风能资源最为丰富的时间一般在 10 月至次年 4 月，阿里地区 8 级以上大风超过 140 d；同时，作为我国重要的原始林区，西藏生物质能资源也较丰富，尤其以林木为主的生物质能。

与可再生能源相比，西藏矿物能源相对缺乏。西藏矿物能源种类主要有煤、泥炭、石油、油页岩和天然气等，可开采量相对较少。全区的煤炭资源主要分布在昌都、那曲地区，多数矿产地开发利用难度较大。

3.6.5 旅游资源开发潜力大，核心旅游区初显

西藏现已开发国家级历史文化名城 2 座（拉萨、日喀则），对外开放山峰44 座，国家级风景名胜区 1 个，被列入《世界遗产名录》的 1 个，可参观景区 100 多处。在不断开发利用独有的自然和人文旅游资源的过程中，已初步形成了具有各自不同特点的 5 个旅游区，有以拉萨为中心的历史文化观光区，有以徒步、登山、朝圣为主的后藏生态文化旅游体验区，有以森林生态、地貌科考和度假为主的藏东南生态旅游区，有以草原、湖泊、野生动植物观赏、草原民俗风情为主的藏北高原生态观光旅游区，有以阿里为中心的新国际旅游合作区。

3.6.6 生物资源集聚，生物多样性丰富

西藏地域辽阔，生境类型复杂多样，在全球生物多样性保护中具有重要战略地位。全区拥有除海洋生态系统外的所有陆地生态系统类型，同时还具有我国其他地区乃至世界上其他国家所没有的特殊性。拥有北半球纬度最高的热带雨林、季雨林生态系统和具有典型中国—喜马拉雅区系特征的许多乔木树种。在草原生态系统中，拥有西藏所特有的高寒干旱荒漠、高寒半干旱草原和高寒半湿润高山草甸等类型。

西藏作为世界上独特的环境地域单元，孕育了独特的生物群落，集中分布了许多特有的珍稀濒危野生动植物，是世界山地生物物种最主要的分布与形成中心，是全球 25 个生物多样性热点地区之一。西藏有维管束植物 6 530 种，其中，中国特有种 2 700 种，西藏特有种 1 200 种，有 39 种野生植物被列为国家重点保护野生植物；有特殊用途的藏药材 300 多种；有野生脊椎动物 900 种（亚种），近 200 种为西藏所特有，有 125 种野生动物被列为国家重点保护野生动物，占全国重点保护野生动物的 1/3 以上。此外，西藏有昆虫类动物 4 000 多种，其中 1 100 多种为西藏特有种。

3.7　主要问题

3.7.1　草地退化形势严峻

西藏草地约占全区国土总面积的 70%，是西藏生态安全屏障的重要组成部分，在自治区经济社会发展中占有十分重要的地位。根据西藏第二次草原普查，全区退化草地面积已达 2 355.54 万 hm^2，占天然草地总面积的 26.71%，其中，轻度退化面积 1 483.02 万 hm^2，占退化面积的 62.96%，中度和重度退化草地面积达 872.52 万 hm^2，占退化草地面积的 37.04%。草地退化区域主要分布在藏北高原和藏西山地生态安全屏障区，由于处于青藏冷高压干冷西北气流控制下，气候环境具有降水少、低温持续时间长、太阳辐射强烈和多大风的特点，此外冻融作用强烈，大风沙尘天气多，是西藏生态环境最脆弱的地区，对外力作用的响应十分敏感。草地退化导致草地指标群落结构破坏和生物多样性减少，引起草地生态系统防风固沙和水源涵养等服务功能减弱。

3.7.2　土地沙化加剧

根据 2009 年全区第四次荒漠化和沙化监测结果，西藏自治区荒漠化土地面积 4 326.98 万 hm^2，占全区总面积的 35.93%；西藏自治区沙化土地面积为 2 161.86 万 hm^2，占全区总面积的 17.95%，两者仅次于新疆、内蒙古，居全国各省区第三位。藏北高原和藏西山地土地沙化问题较为突出，大风扬沙与沙尘输送对周边地区乃至我国东部地区产生较大影响。西藏土地沙化具有高原干寒型脆弱性特点，高原地势高亢，寒冻风化作用强烈，地表植被覆盖低，易于沙砾化。高原整体处于西风急流控制区，风力作用强盛，特别是冬春季节，气候干旱，加剧了风蚀作用，加之春季冰雪融水及夏季降水的流水作用，使高原现代沙化过程更为脆弱，在

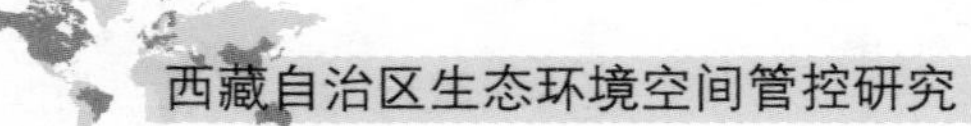

人为作用干扰比较强烈的地区，加速了土地沙化过程。

3.7.3 土壤侵蚀严重

根据第一次全国水利普查成果，西藏自治区水土流失面积 42.20 万 km^2，占国土面积的 34.35% ，其中冻融侵蚀 32.32 万 km^2，占水土流失总面积的 76.60%；水力侵蚀 6.16 万 km^2，占水土流失总面积的 14.60%；风力侵蚀 3.71 万 km^2，占水土流失总面积的 8.80%。全球变暖和人为的地表植被破坏导致西藏高原冻土消融加快，导致冻融滑塌等冻土侵蚀现象普遍发生。在公路、盆地、洼地和河床两侧的斜坡，冻土融化和湿润软化形成的冻融侵蚀比较严重，另外山坡上的草皮和表土在重复的冻融作用下，一旦被水饱和稀释则形成融冻泥流，顺坡沿冻土层徐徐蠕动，造成山地草甸类植被严重破坏。目前，西藏那曲地区由于冻融侵蚀引起的草场退化面积达 533.3 万 hm^2，占该地区草地面积的 25%。

3.7.4 生物多样性受到威胁

自 20 世纪 70 年代以来，牲畜头数猛增和不合理的放牧制度使西藏一些地区草畜矛盾十分突出，大部分草地出现了轻度和中度退化，部分地区出现了重度退化，表现为草地群落中的优势种和建群种缺失。进入 20 世纪 80 年代和 90 年代，已有 20%左右的可利用草地出现上述退化情况。还有，全球变暖引起部分地区干旱化趋势加强，藏北地区部分湖泊、沼泽等湿地面积缩小，湖泊盐度上升，水生生物多样性面临严重威胁。再者，在拉萨河流域、雅鲁藏布江流域等区域，水电建设、城乡建设等使得物种的栖息地也在进一步减小、质量进一步下降、破碎化程度加剧。

3.7.5 自然灾害频发

西藏自然灾害类型多、分布广，是我国自然灾害类型最多的省（区）之一。各类灾害发生多与西藏特殊的自然条件有关，但是人类活动对自然环境的破坏、经济建设布局不合理而带来的灾害发生频率加大和灾害损失加重等问题也日趋突出，特别表现在以崩塌、滑坡和泥石流为主的地质灾害，以旱灾、沙尘、洪水为主的气象灾害，以及以鼠、虫、毒草害为主的生物灾害等，造成严重的危害和损失。在自然灾害中地质灾害最为常见。西藏地质灾害类型有泥石流、崩塌、滑坡、冻融融沉、地震、碎石流及冰湖溃决等。截至 2015 年年底，西藏自治区共有各类地质灾害及隐患点 10 530 处，其中崩塌 3 053 处、滑坡 1 599 处、泥石流 5 790 处、其他地质灾害 88 处。受地质灾害威胁的人口约 27.8 万人，潜在经济损失 141.01 亿元。

第 4 章　生态环境功能综合评价

结合西藏自治区生态环境特点，从保障自然生态安全、维护人群环境健康和区域环境支撑能力方面建立符合西藏实际的生态环境功能综合评价指标体系，并开展生态环境功能综合评价。

4.1　评价指标体系

基于环境系统的“安全或健康”功能属性，将环境各要素及其构成的系统为人类生存、生活和生产提供的各种环境服务，归纳为两个方面：一方面保障自然系统的安全和生态调节功能的稳定发挥，构建人类社会经济活动的生态安全格局，即保障自然生态安全；另一方面保障与人体直接接触的各环境要素的安全，如空气的干净、饮水的清洁、食品的卫生等，即维护人群环境健康。

从上述环境系统功能角度出发，构建区域生态环境功能综合评价指标体系，包括 3 类一级指标、8 类二级指标和 20 类三级指标，具体指标见表 4－1。

表 4－1　生态环境功能综合评价指标体系

一级指标	二级指标	三级指标	基础指标
保障自然生态安全指数	生态敏感性指数	土地沙漠化敏感性	1. 湿润指数
			2. 冬春季大于 6 m/s 大风的天数
			3. 土壤质地
			4. 植被覆盖（冬春）
		土壤侵蚀敏感性	1. 降水侵蚀力
			2. 土壤质地
			3. 地形起伏度
			4. 植被类型
		冻融侵蚀敏感性	1. 地表温度年较差
			2. 降雨量
			3. 坡度
			4. 坡向
			5. 植被覆盖度

续表

一级指标	二级指标	三级指标	基础指标
保障自然生态安全指数	生态系统服务重要性指数	水源涵养重要性	1. 年平均净初级生产力
			2. 坡度
			3. 土壤渗流能力
			4. 年平均降水量
		水土保持重要性	1. 年平均净初级生产力
			2. 坡度
			3. 土壤可蚀性
		防风固沙重要性	1. 年平均净初级生产力
			2. 土壤可蚀性
			3. 土壤砂粒、粉粒、黏粒含量
			4. 土壤有机碳含量
			5. 多年平均气候侵蚀力
			6. 2 m 高处的月平均风速
			7. 月潜在蒸发量
			8. 月降水量
			9. 月平均气温
			10. 月平均相对湿度
			11. 地表粗糙度因子
			12. 坡度
		生物多样性保护重要性	1. 年平均净初级生产力
			2. 年平均降水量
			3. 气温
			4. 海拔
维护人群环境健康指数	人口集聚度指数	人口密度	1. 总人口
			2. 土地面积
		人口流动强度	暂住人口
	经济发展水平指数	人均 GDP	GDP
		GDP 增长率	近 5 年的 GDP

续表

一级指标	二级指标	三级指标	基础指标
区域环境支撑能力指数	环境质量指数	大气环境质量	1. 二氧化硫污染指数
			2. 氮氧化物污染指数
			3. 总悬浮颗粒物污染指数
		地表水环境质量	1. Ⅰ～Ⅲ类水质比例
			2. 劣Ⅴ类比例
	污染物排放指数	水污染物排放指数	1. 化学需氧量排放强度
			2. 氨氮排放强度
		大气污染物排放指数	1. 二氧化硫排放强度
			2. 氮氧化物排放强度
	人均可利用土地资源指数	可利用土地资源	1. 适宜建设用地面积
			2. 已有建设用地面积
			3. 基本农田面积
	人均可利用水资源指数	地表水可利用量	1. 多年平均地表水资源量
			2. 河道生态需水量
			3. 不可控制的洪水量
		地下水可利用量	1. 与地表水不重复的地下水资源量
			2. 地下水系统生态需水量
			3. 无法利用的地下水量
		已开发利用水资源量	1. 农业用水量
			2. 工业用水量
			3. 生活用水量
			4. 生态用水量
		可开发利用入境水资源量	1. 现状入境水资源量
			2. 分流域片取值范围

4.2　保障自然生态安全评价

保障自然生态安全是指保障区域自然系统的安全和生态调节功能的稳定发挥，可用生态敏感性指数和生态系统服务重要性指数描述。保障自然生态安全指数（P_1）计算方法如下：

$$P_1 = \max\{[\text{生态敏感性指数}],[\text{生态系统服务重要性指数}]\}$$

4.2.1 生态敏感性指数

（1）计算公式

[生态敏感性指数]＝max{[土壤侵蚀敏感性],[冻融侵蚀敏感性],[土地沙漠化敏感性]}

（2）计算说明

参照《生态保护红线划定指南》，采用千米网格进入土壤侵蚀敏感性分级、冻融侵蚀敏感性分级、土地沙漠化敏感性分级，根据土壤侵蚀、冻融侵蚀、土地沙化敏感性分级标准，实现生态环境问题敏感性单因子分级。对分级的生态环境问题单因子评价图进行复合，判断敏感生态系统出现的千米网格生态系统敏感类型是单一型生态系统敏感类型还是复合型生态系统敏感类型。对单一型生态系统敏感类型区域，根据其生态环境问题敏感性程度确定生态系统敏感性程度；对复合型生态系统敏感类型，采用最大限制因素法确定影响生态系敏感性的主导因素，根据主导因素的生态环境问题敏感性程度确定生态系统敏感性程度。根据千米网格的生态系统敏感性程度分析结果，确定区域生态系统敏感性，生态系统敏感性程度划分为极敏感、高度敏感、中度敏感、轻度敏感和不敏感五级。

（3）评价结果

西藏自治区土壤侵蚀极敏感区仅分布在林芝东南部，面积为 0.31 万 km^2，占全区总面积的 0.26%。高度敏感区集中分布在日喀则中东部的喜马拉雅山脉及冈底斯山脉地区、林芝东南、昌都南端、山南的喜马拉雅山脉附近、拉萨的念青唐古拉山附近及阿里西侧山区，面积为 6.75 万 km^2，占全区总面积的 5.61%。中度敏感区主要分布在日喀则、山南、拉萨和昌都高度敏感区的邻近地区和林芝和昌都交界处，也有一定面积离散分布在阿里南部和林芝西北部，面积为 9.83 万 km^2，占全区总面积的 8.16%。轻度敏感区集中分布在中度敏感区的邻近地区，面积为 7.52 万 km^2，占全区总面积的 6.25%。不敏感地区分布最为广泛，面积为 95.95 万 km^2，占全区总面积的 79.72%（图 4－1）。

冻融侵蚀极敏感区主要分布在日喀则，也有一定面积集中分布在阿里东南及那曲邻近阿里的西南局地，面积为 3.07 万 km^2，占全区总面积的 2.55%。高度敏感区广泛分布在除山南和林芝东南部以外的地区，面积为 99.77 万 km^2，占全区总面积的 82.90%。中度敏感区广泛分布于除林芝大部、山南东南部及昌都大部以外的地区，面积为 11.19 万 km^2，占全区总面积的 9.30%。轻度敏感区集中分布于阿里和那曲的北部，也一定面积离散分布于那曲其他地区及林芝东南部等

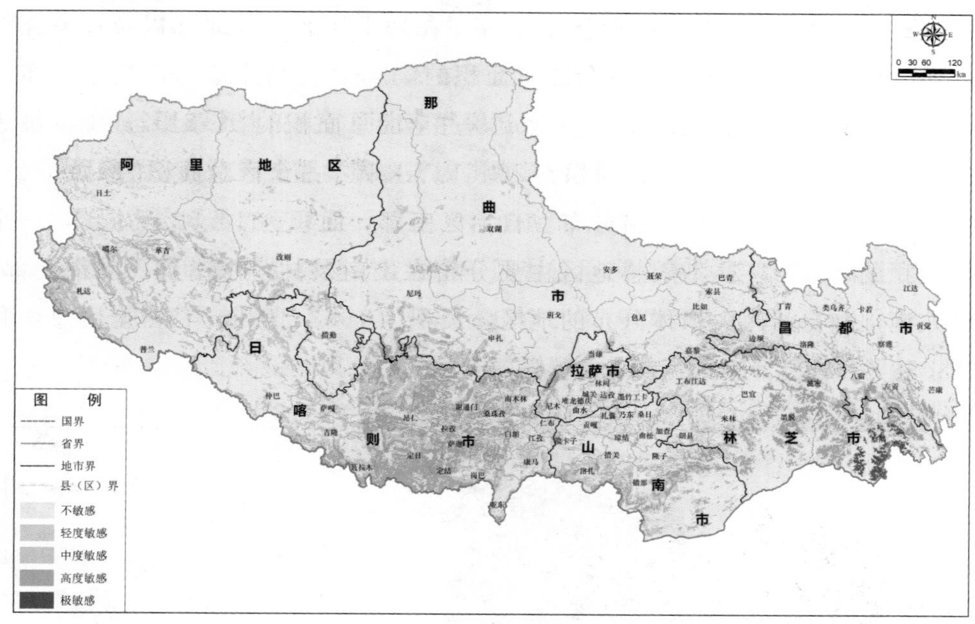

图 4－1　西藏自治区土壤侵蚀敏感性评价图

其他地区，面积为 0.30 万 km^2，占全区总面积的 0.25%。不敏感地区主要在山南和林芝东南部，以及自治区中水体分布的地区，面积为 6.01 万 km^2，占全区总面积的 5.00%（图 4－2）。

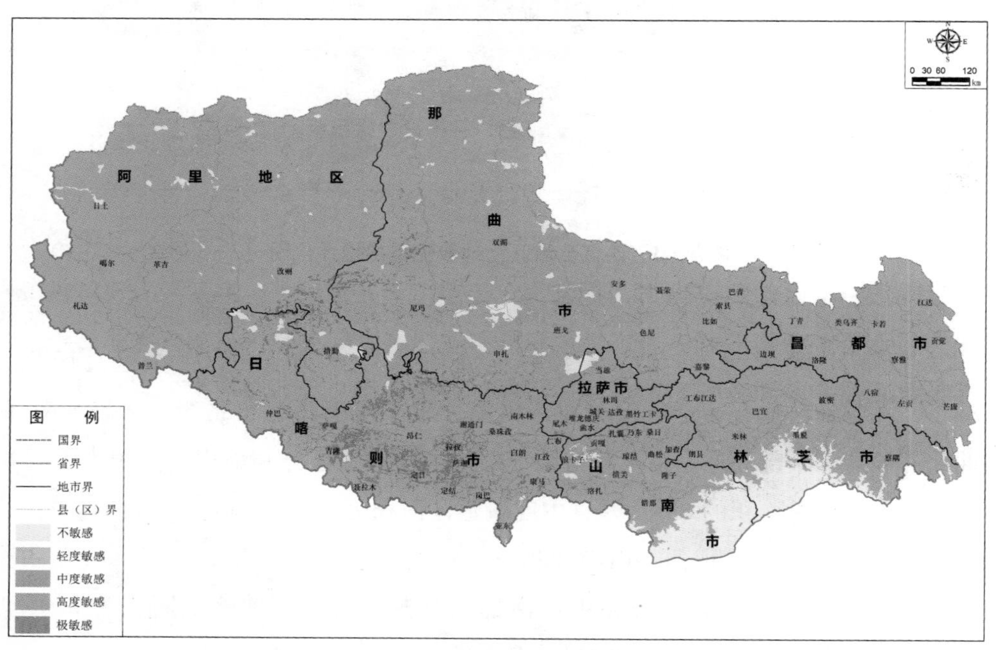

图 4－2　西藏自治区冻融侵蚀敏感性评价图

西藏自治区土地沙化极敏感区集中分布在阿里西北部和北部以及那曲北部局地，面积为 5.35 万 km^2，占全区总面积的 4.45%。高度敏感区集中分布在全自治区西北部，面积为 61.63 万 km^2，占全区总面积的 51.21%。中度敏感区广泛分布在自治区东南部，面积为 20.51 万 km^2，占全区总面积的 17.04%。轻度敏感区与中度敏感区交错分布在自治区南部，面积为 16.52 万 km^2，占全区总面积的 13.72%。不敏感地区主要分布在山南及林芝东南部、昌都北部、那曲东南部和自治区内水体分布的地区，面积为 16.34 万 km^2，占全区总面积的 13.58%（图 4－3）。

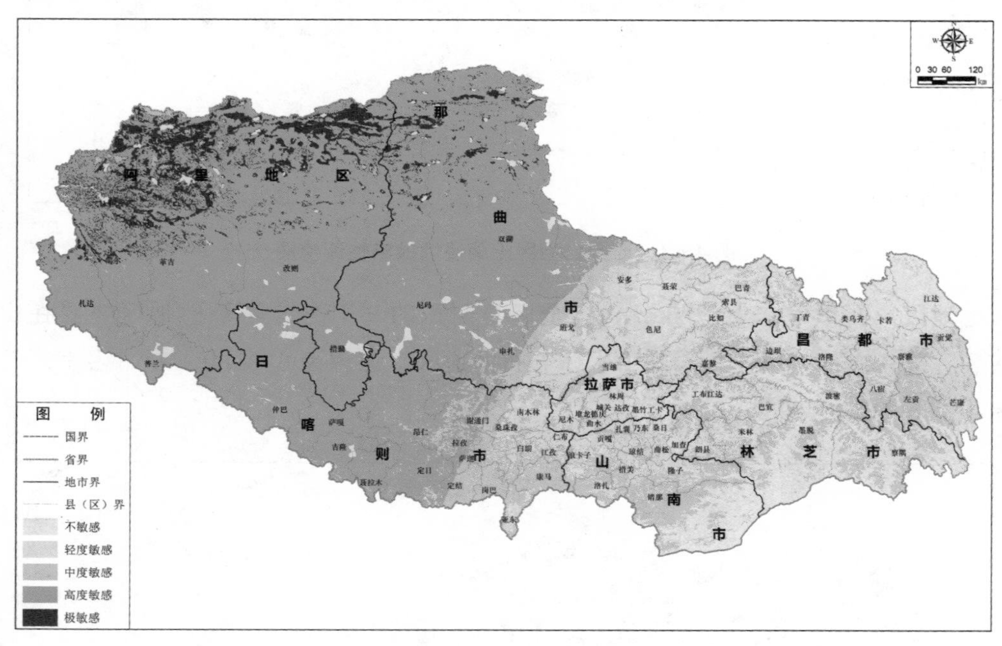

图 4－3　西藏自治区土地沙化敏感性评价图

将土壤侵蚀、土地沙化、冻融侵蚀敏感性评价结果进行空间叠加，得到生态敏感性综合评价结果（图 4－4）。极敏感区面积为 8.27 万 km^2，占全区总面积的 6.88%，在各地区均有一定数量分布，集中分布于阿里西北和北部、林芝东南部、那曲北部局地和中部局地，以及日喀则中部。高度敏感区分布最广，面积为 100.85 万 km^2，占全区总面积的 83.79%。中度敏感区面积为 5.84 万 km^2，占全区总面积的 4.85%，主要分布在那曲、山南和林芝。轻度敏感区面积为 2.40 万 km^2，占全区总面积的 1.99%，主要分布在山南南部和林芝南部。不敏感区面积为 3.00 万 km^2，占全区总面积的 2.49%，零星分布在那曲、阿里和山南。

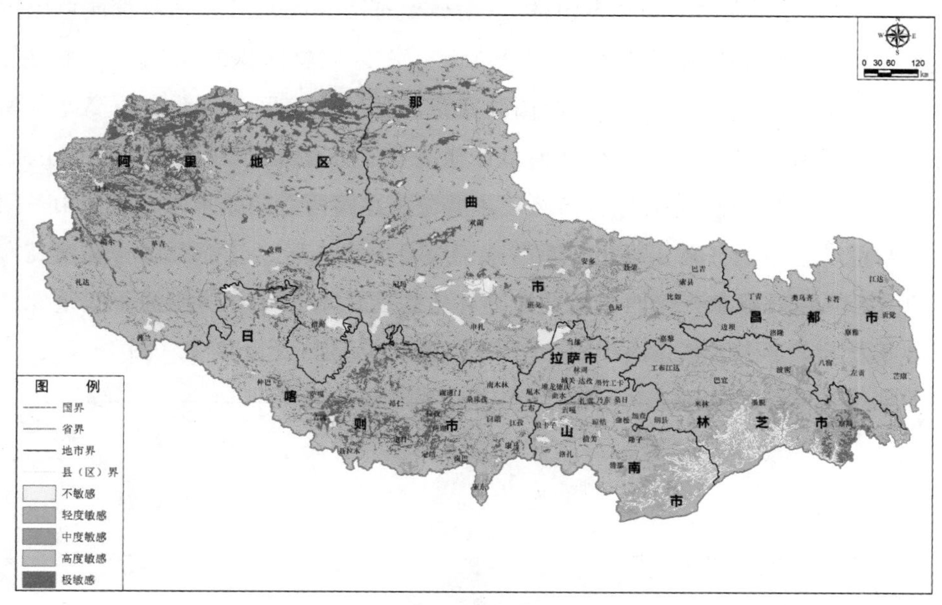

图 4－4　西藏自治区生态系统敏感性综合评价图

4.2.2　生态系统服务重要性指数

（1）计算公式

［生态系统服务重要性指数］＝max｛［水源涵养重要性］，［水土保持重要性］，［防风固沙重要性］，［生物多样性保护重要性］｝

（2）计算说明

参照《生态保护红线划定指南》，采用千米网格进入水源涵养重要性、水土保持重要性、防风固沙重要性、生物多样性保护重要性数据分级，利用地理信息系统软件，根据 Quantile（分位数）功能进行分类，实现生态系统服务重要性单因子分级。对生态系统服务重要性单因子分级图进行复合，判断重要生态系统出现的千米网格生态系统服务重要性类型是单一型生态系统服务重要性类型还是复合型生态系统服务重要性类型。对单一型生态系统服务重要性类型区域，根据其单因子重要性确定生态系统服务重要性程度；对复合型生态系统服务重要性类型，采用最大限制因素法确定生态系统服务重要性程度。对千米网格生态系统服务重要性程度的分级结果，进行生态系统服务重要性分级，生态系统服务重要性程度划分为极重要、重要、中等重要和一般重要。

（3）评价结果

西藏自治区的水源涵养功能的极重要区面积约 12.98 万 km^2，占区域总面积的

10.79%，主要分布在藏东南热带雨林-季雨林生态区和藏北高原高寒荒漠草原生态区。水源涵养功能重要区面积为 6.47 万 km²，占区域总面积的 5.38%，主要分布在藏西北的帕米尔—昆仑山—阿尔金山高寒荒漠草原生态区、藏北高原高寒荒漠草原生态区和江河源区—甘南高寒草甸草原生态区。水源涵养功能中等重要区面积 9.10 万 km²，占区域总面积的 7.57%，主要分布在藏西北的帕米尔—昆仑山—阿尔金山高寒荒漠草原生态区、藏北高原高寒荒漠草原生态区、江河源区—甘南高寒草甸草原生态区以及藏东—川西寒温性针叶林生态区。水源涵养功能的一般重要区面积 91.68 万 km²，占区域总面积的 76.26%，分布范围广泛且集中（图 4－5）。

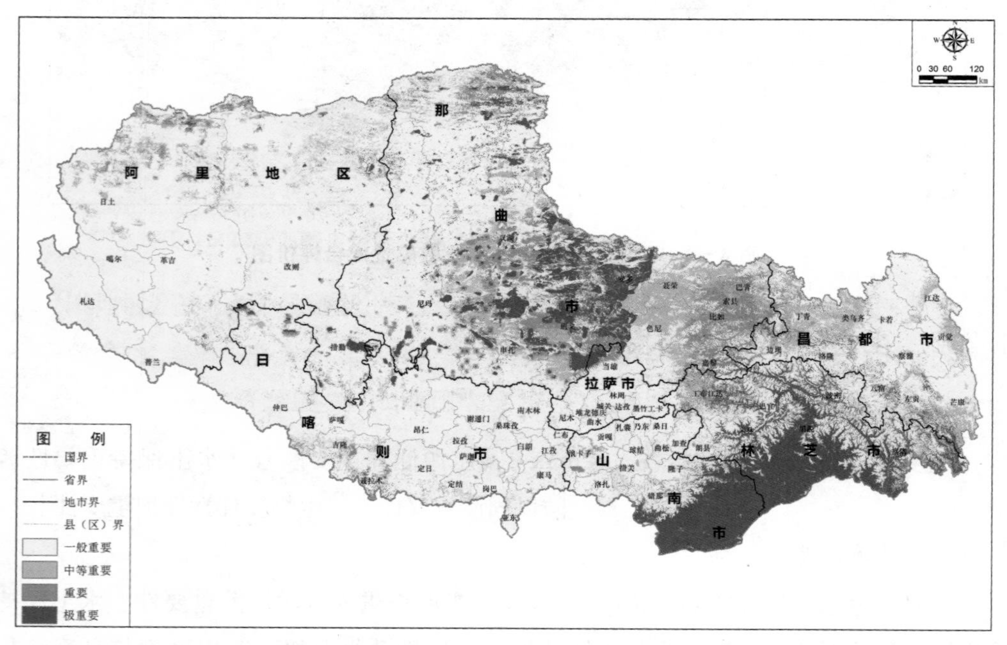

图 4－5　西藏自治区水源涵养重要性评价图

水土保持功能的极重要区面积约 3.69 万 km²，占区域总面积的 3.07%，主要分布在藏东南热带雨林-季雨林生态区和藏东—川西寒温性针叶林生态区。水土保持功能的重要区面积约 5.35 万 km²，占区域总面积的 4.45%，主要分布在藏东南热带雨林-季雨林生态区和藏东—川西寒温性针叶林生态区。水土保持功能的中等重要区面积约 13.41 万 km²，占区域总面积的 11.15%，主要分布在藏东南热带雨林-季雨林生态区、藏东—川西寒温性针叶林生态区、江河源区—甘南高寒草甸草原生态区和藏南山地高寒草甸草原生态区。水土保持功能一般重要区面积 97.77 万 km²，占区域总面积的 81.33%，除了西藏东部地区分布较为零散外，其余地方均为集中连片分布（图 4－6）。

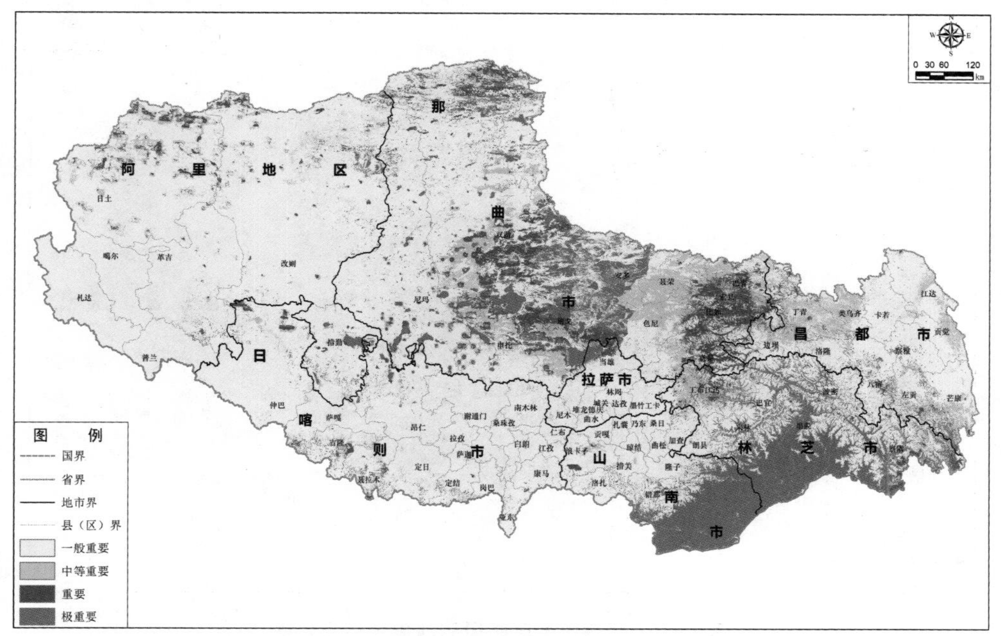

图 4－6 西藏自治区水土保持重要性评价图

西藏自治区防风固沙功能的极重要区面积约 0.02 万 km^2，占区域总面积的 0.02%，主要分布在藏北高原高寒荒漠草原生态区的班戈县、申扎县、措勤县和仲巴县，以及藏南山地高寒草甸草原生态区的日喀则市东北部、定日县东部，分布较为分散。防风固沙重要区面积约 0.36 万 km^2，占区域总面积的 0.3%，主要分布在藏北高原高寒荒漠草原生态区和藏南山地高寒草甸草原生态区。防风固沙功能中等重要区面积约 5.20 万 km^2，占区域总面积的 4.33%，主要分布在藏北高原高寒荒漠草原生态区、藏南山地高寒草甸草原生态区和帕米尔—昆仑山—阿尔金山高寒荒漠草原生态区。自治区绝大部分地区的防风固沙功能都属于一般重要，面积约 114.64 万 km^2，占区域总面积的 95.36%（图 4－7）。

生物多样性保护功能极重要区面积约 18.35 万 km^2，占区域总面积的 15.27%，主要分布在藏东南热带雨林-季雨林生态区、藏东—川西寒温性针叶林生态区、江河源区—甘南高寒草甸草原生态区、藏南山地高寒草甸草原生态区和藏北高原高寒荒漠草原生态区。生物多样性保护重要区面积约 9.75 万 km^2，占区域总面积的 8.11%，主要分布在藏东一川西寒温性针叶林生态区、江河源区一甘南高寒草甸草原生态区、藏南山地高寒草甸草原生态区和藏北高原高寒荒漠草原生态区。生物多样性保护中等重要区面积约 72.38 万 km^2，占区域总面积的 60.21%，主要分布在藏东一川西寒温性针叶林生态区、江河源区一甘南高寒草甸草原生态区、帕米尔一

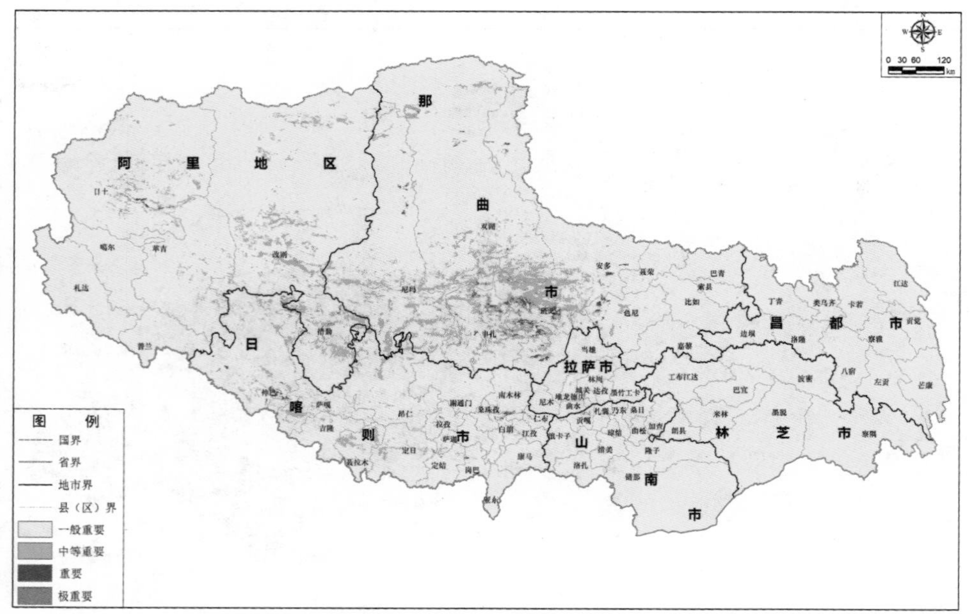

图 4－7　西藏自治区防风固沙重要性评价图

昆仑山一阿尔金山高寒荒漠草原生态区、阿里山地温性干旱荒漠生态区、藏南山地高寒草甸草原生态区和藏北高原高寒荒漠草原生态区。生物多样性保护一般重要区面积约 19.74 万 km^2，占区域总面积的 16.42%，主要分布在藏南山地高寒草甸草原生态区和藏北高原高寒荒漠草原生态区（图 4－8）。

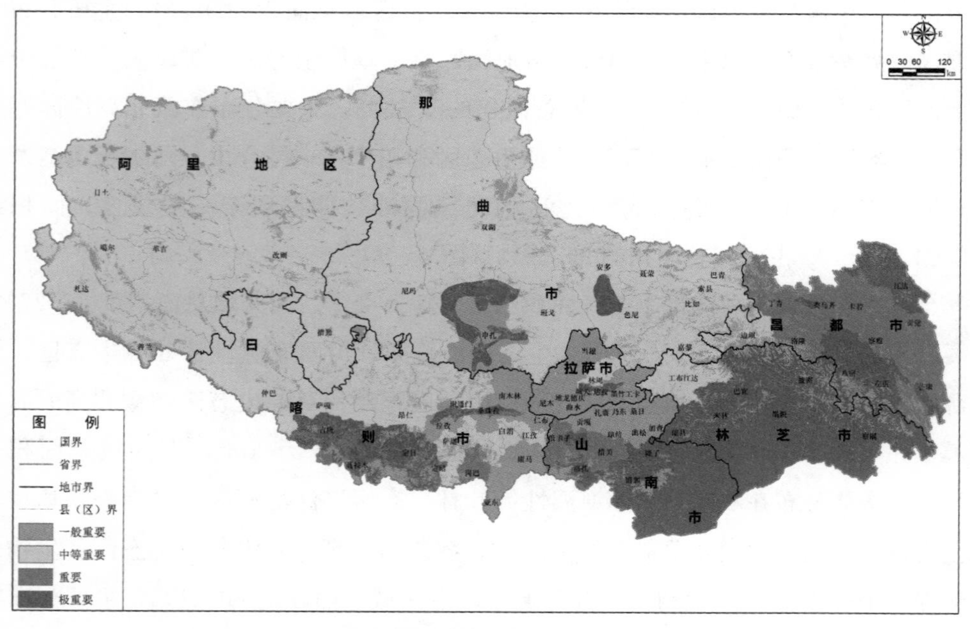

图 4－8　西藏自治区生物多样性保护重要性评价图

根据生态系统水源涵养、水土保持、防风固沙和生物多样性保护功能评估结果，利用 ArcGIS 空间叠加分析工具取并集，得到自治区生态系统服务重要性综合评估结果（图 4－9）。生态系统服务极重要区面积 31.62 万 km^2，占区域总面积的 26.30%，主要分布在藏东南热带雨林-季雨林生态区、藏东一川西寒温性针叶林生态区、江河源区一甘南高寒草甸草原生态区、藏南山地高寒草甸草原生态区和藏北高原高寒荒漠草原生态区。生态系统服务重要区面积 23.55km^2，占区域总面积的 19.59%，主要分布在藏东一川西寒温性针叶林生态区、江河源区一甘南高寒草甸草原生态区和藏南山地高寒草甸草原生态区。生态系统服务中等重要区面积 51.13km^2，占区域总面积的 42.53%，主要分布在帕米尔一昆仑山一阿尔金山高寒荒漠草原生态区、阿里山地温带干旱荒漠生态区和藏北高原高寒荒漠草原生态区。生态系统服务一般重要区面积 13.92km^2，占区域面积的 11.58%，主要分布在藏南山地高寒草甸草原生态区。

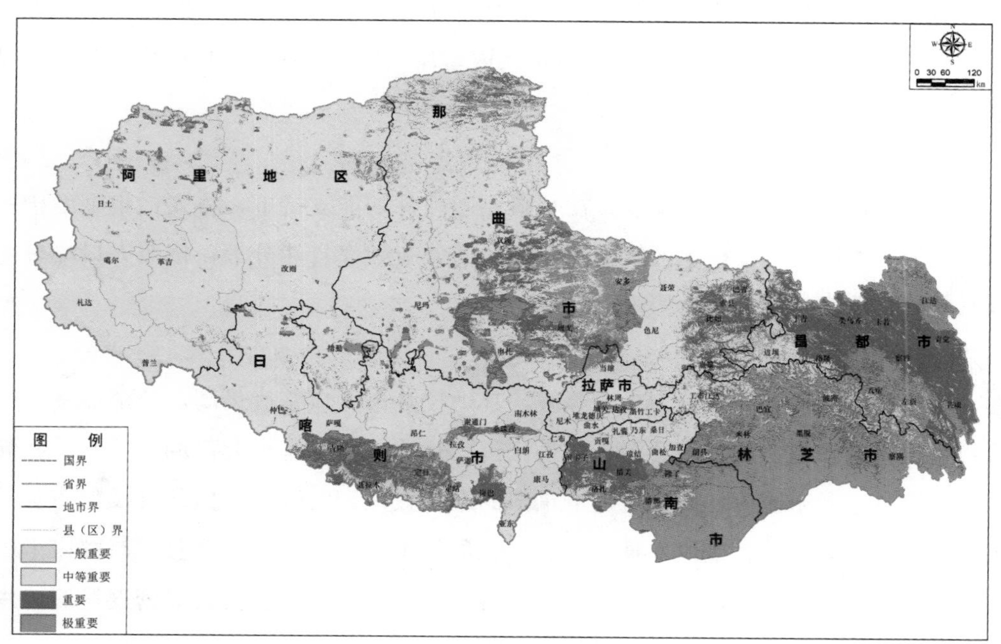

图 4－9　西藏自治区生态系统服务重要性综合评价图

4.3　维护人群环境健康评价

区域对维护人群环境健康方面环境功能的需求程度，可用人口集聚度和经济发展水平等指标来描述；维护人群环境健康指数（P_2）计算方法如下：

$$P_2 = \sqrt{\frac{1}{2}([人口集聚度指数]^2 + [经济发展水平指数]^2)}$$

其中：人口集聚度指数是指一个地区现有人口集聚程度，通过人口密度和人口流动强度等指标进行评价；经济发展水平指数是指一个地区经济发展现状和增长活力，可以通过人均地区 GDP 和地区 GDP 的增长比率等要素进行评价。

4.3.1 人口集聚度指数

（1）计算公式

$$[人口集聚度指数] = [人口密度] \times d([人口流动强度])$$

$$[人口密度] = [总人口] / [土地面积]$$

$$[人口流动强度] = [暂住人口] / [总人口] \times 100\%$$

式中，总人口是指各评价单元的常住人口总数；

暂住人口是指评价单元内暂住半年以上的流动人口；

d（[人口流动强度]），根据评价单元内暂住人口占常住总人口的比重分级状况取值。

（2）计算说明

计算评价单元的人口集聚度；在 GIS 制图软件功能支持下，将人口集聚度指标值由高值样本区向低值样本区依次按样本数的分布频率自然分等；按照人口集聚度高低差异，依次划分为 5 个等级。

（3）评价结果

人口密度从低到高划分为 5 个等级，其中拉萨市人口密度最高，拉萨周围县区人口密度普遍较高，如曲水县、堆龙德庆区、达孜区，山南市北部的贡嘎县、扎囊县、琼结县、乃东区等，而日喀则市东部的桑珠孜区、江孜县、白朗县及仁布县等人口密度也较高，拉萨市尼木县、林周县、墨竹工卡县，那曲市索县，昌都市卡若区、类乌齐县、芒康县，日喀则市的拉孜县、萨迦县、南木林县人口密度等级为中等，其他地区人口密度等级为低或较低（图 4－10）。

人口流动强度同样从低到高划分为 5 个等级，拉萨市人口流动强度等级最高，拉萨市堆龙德庆区、日喀则市桑珠孜区、聂拉木县、山南市琼结县、林芝市巴宜区、昌都市卡若区、那曲市色尼区、阿里地区噶尔县人口流动强度等级较高，其他地区人口流动强度等级为中等及以下（图 4－11）。

根据人口密度及人口流动强度计算得到的人口集聚程度也是划分为 5 个等级，拉萨市人口集聚等级最高；拉萨市堆龙德庆区、曲水县、达孜区，日喀则市桑珠孜

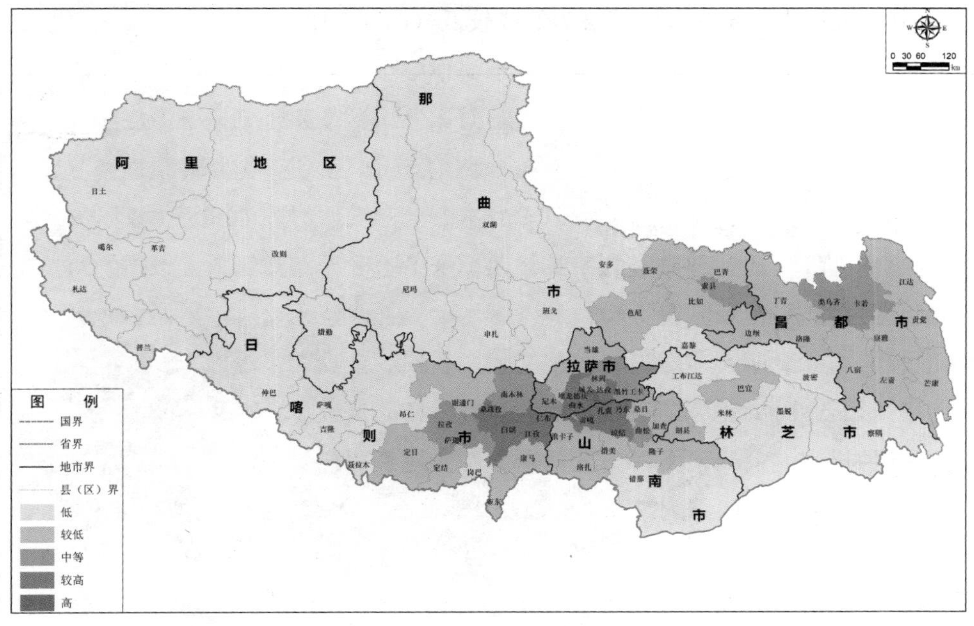

图 4－10　西藏自治区各县（区）人口密度分级评价图

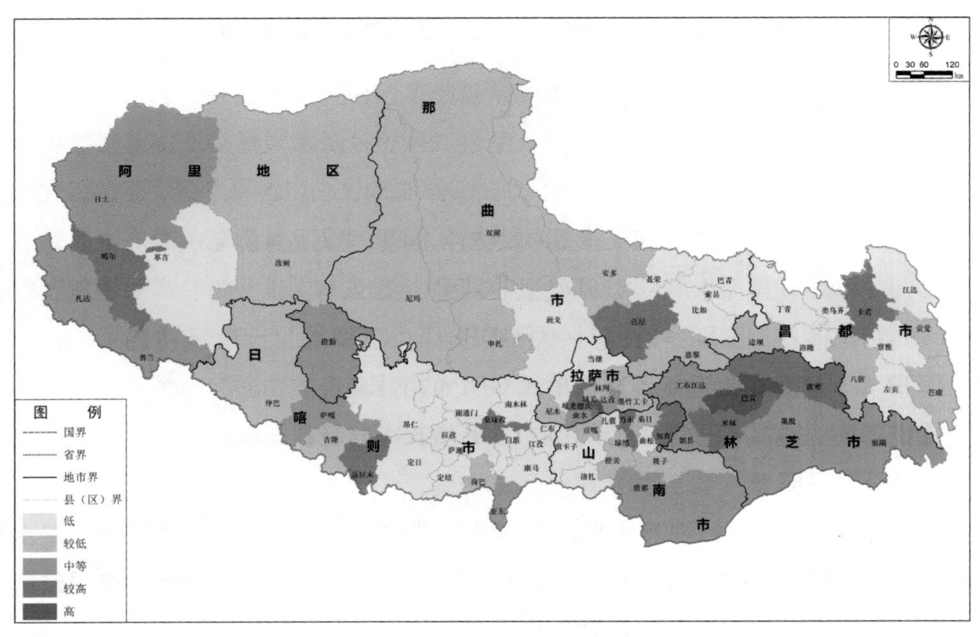

图 4－11　西藏自治区各县（区）人口流动强度分级评价图

区、白朗县、江孜县、仁布县，昌都市卡若区等人口集聚程度等级为较高；人口集聚程度等级为中等的地区有拉萨市尼木县、林周县、墨竹工卡县，日喀则市拉孜县、萨迦县、南木林县，林芝市巴宜区，昌都市类乌齐县、芒康县，那曲市色尼区、索

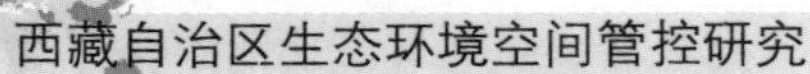

县等，其他地区人口集聚程度等级为低或较低（图 4－12）。

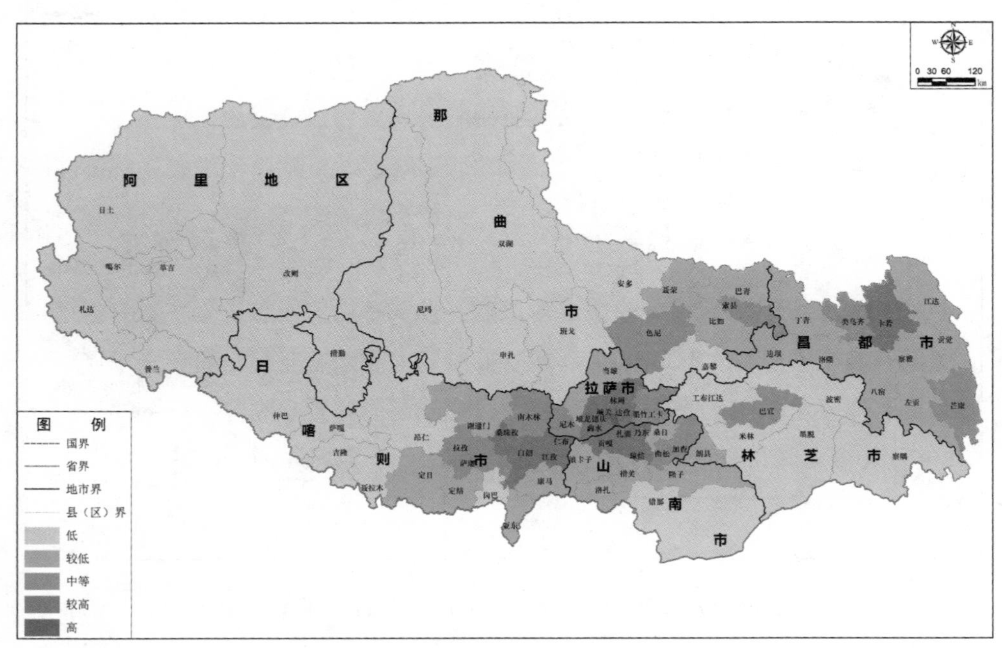

图 4－12　西藏自治区各县（区）人口集聚度分级评价图

4.3.2　经济发展水平指数

（1）计算公式

$$[经济发展水平指数]=[人均\ GDP]\times K_{([GDP增长率])}$$

$$[人均\ GDP]=[GDP]/[总人口]$$

$$[GDP\ 增长率]=([GDP_{i+5}]/[GDP_i])^{1/5}-1$$

GDP 增长率是指近 5 年各评价单元 GDP 的增长率。

式中，$K_{([GDP增长率])}$ 根据评价单元的 GDP 增长率分级状况取值。

（2）计算说明

计算评价单元的经济发展水平，在 GIS 制图软件功能支持下，将经济发展水平指标值从高值样本区向低值样本区依次按样本数的分布频率自然分等。按照经济发展水平高低差异，依次划分为 5 个等级。

（3）评价结果

按照各县人均 GDP 从大到小，划分为 5 个等级，阿里地区噶尔县、林芝市巴宜区人均 GDP 等级最大，城关区、拉萨市堆龙德庆区，日喀则市桑珠孜区，山南市琼结县、乃东区、加查县，林芝市米林县、波密县人均 GDP 等级较大，人均 GDP 等

级为中等的地区有拉萨市林周县、曲水县、达孜区、墨竹工卡县，日喀则市吉隆县、聂拉木县、亚东县，山南市错那县，林芝市墨脱县、朗县、工布江达县，昌都市卡若区，阿里地区札达县、日土县，其他地区人均 GDP 等级为小或较小（图 4－13）。

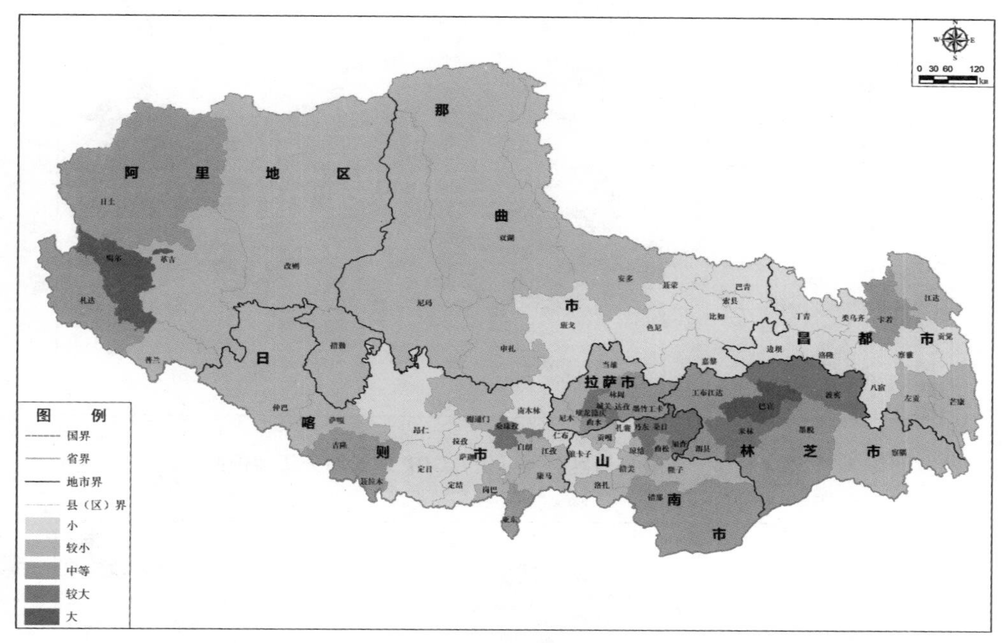

图 4－13　西藏自治区各县（区）人均 GDP 分级评价图

各县 GDP 增长率从高到低分为 5 个等级，城关区、昌都市卡若区 GDP 增长率等级最高；山南市隆子县、乃东区、林芝市墨脱县 GDP 增长率等级为较高；GDP 增长率等级为中等的地区有拉萨市尼木县、曲水县、堆龙德庆区、林周县、墨竹工卡县，日喀则市桑珠孜区、仁布县、江孜县、吉隆县、岗巴县、谢通门县，林芝市巴宜区、米林县、波密县、察隅县，山南市错那县、洛扎县、浪卡子县、贡嘎县、琼结县、曲松县、加查县，昌都市察雅县、江达县，阿里地区札达县、噶尔县；其他地区 GDP 增长率等级为低或较低（图 4－14）。

各县经济发展水平从高到低分为 5 个等级，城关区、拉萨市堆龙德庆区，日喀则市桑珠孜区，山南市乃东区、加查县，林芝市巴宜区、米林县、波密县，阿里地区噶尔县经济发展水平等级最高；拉萨市曲水县、林周县、墨竹工卡县、达孜区，昌都市卡若区，山南市错那县、琼结县、曲松县，林芝市墨脱县，日喀则市吉隆县，阿里地区札达县等经济发展水平等级为较高；经济发展水平等级为中等的地区有日喀则市聂拉木县、亚东县，林芝市工布江达县，阿里地区日土县；其他地区经济发展水平等级为低或较低（图 4－15）。

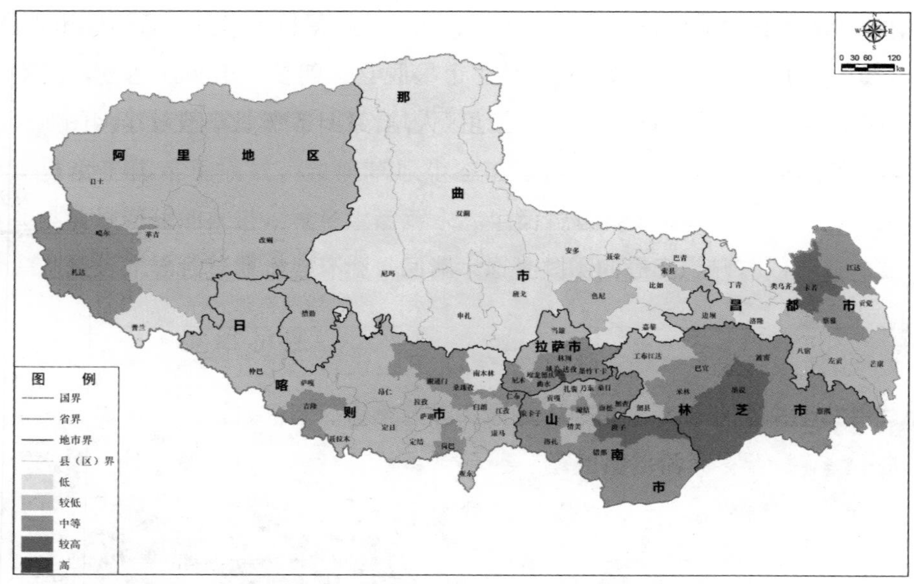

图 4－14　西藏自治区各县（区）GDP 增长率分级评价图

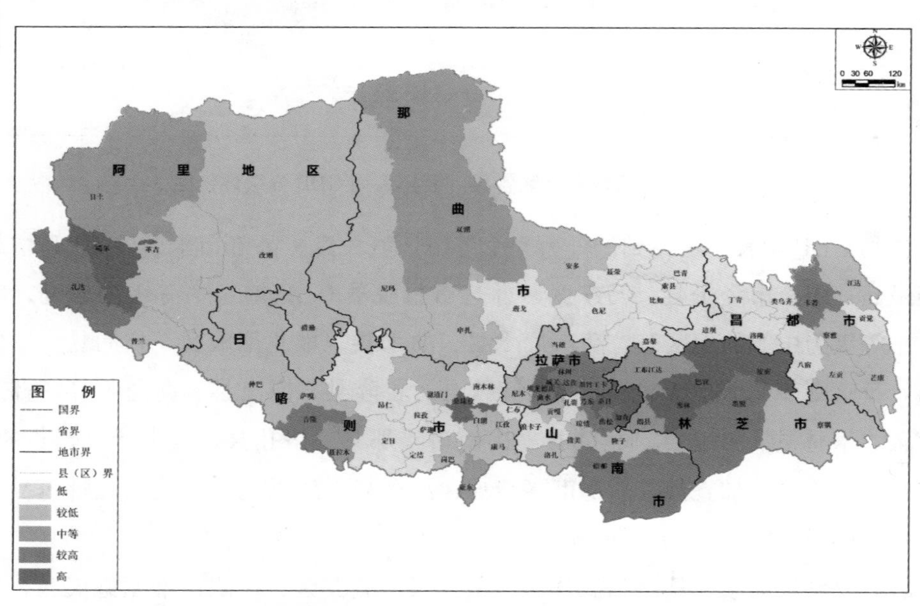

图 4－15　西藏自治区各县（区）经济发展水平分级评价图

4.4　区域环境支撑能力评价

经济社会发展所需的区域环境支撑能力可用环境质量指数、污染物排放指数、人均可利用土地资源指数和人均可利用水资源指数来描述。区域环境支撑能力系数

（K）计算方法如下：

$$K=f\left(\frac{\min\{[人均可利用土地资源指数],[人均可利用水资源指数],[环境质量指数]\}}{[污染物排放指数]}\right)$$

其中：环境质量指数表述环境优劣程度，是指一个具体的环境中环境总体或某些要素对人群健康、生存和繁衍，以及社会经济发展适宜程度的量化表达，选择区域的大气环境质量、地表水环境质量进行评价；污染物排放指数用来描述一个地区排入环境或其他设施的污染物排放情况，选择大气污染物排放指数和水污染物排放指数等要素进行评价；人均可利用土地资源指数是指一个地区剩余或潜在可利用的土地资源对未来人口集聚、工业化和城镇化发展的承载力，选择后备适宜建设用地的数量、质量、集中规模等要素进行评价；人均可利用水资源指数是指一个地区剩余或潜在可利用水资源对未来社会经济发展的支撑能力，选择水资源丰度、可利用数量及利用潜力等要素进行评价。

4.4.1　环境质量指数

（1）计算公式

[环境质量指数]＝min{[大气环境质量指数],[地表水环境质量指数]}

（2）计算说明

根据水环境质量、大气环境质量监测数据，对地表水环境质量、大气环境质量进行评价。按照环境质量较差的指标表征评价单元环境质量指数，并将环境质量指数划分为优、良、中等、较差、差 5 级。

大气环境质量用空气污染指数（API）表示，API＝max｛二氧化硫污染指数，氮氧化物污染指数，可吸入颗粒物污染指数｝。API 评价指数参照表 4－2。

表 4－2　大气环境质量评价

API 取值	空气质量状况	赋值
＜50	优	5
51～100	良	4
101～150	中等	3
151～200	较差	2
＞200	差	1

地表水环境质量可用河流、流域（水系）水质进行评价，当河流、流域（水系）的断面总数少于 5 个时，计算河流、流域（水系）所有断面各评价指标浓度算术平均值，然后按照表 4－3 进行评价。

表 4－3　断面水质定性评价

水质类别	水质状况
Ⅰ～Ⅱ类水质	优
Ⅲ类水质	良
Ⅳ类水质	中等
Ⅴ类水质	较差
劣Ⅴ类水质	差

当河流、流域（水系）的断面总数在 5 个（含 5 个）以上时，采用断面水质类别比例法，即根据评价河流、流域（水系）中各水质类别的断面数占河流、流域（水系）所有评价断面总数的百分比来评价其水质状况。河流、流域（水系）的断面总数在 5 个（含 5 个）以上时不做平均水质类别的评价。河流、流域（水系）水质类别比例与水质定性评价分级的对应关系见表 4－4。

表 4－4　河流、流域（水系）水质定性评价分级

水质类别比例	水质状况
Ⅰ～Ⅲ类水质比例≥90％	优
75％≤Ⅰ～Ⅲ类水质比例＜90％	良
Ⅰ～Ⅲ类水质比例＜75％，且劣Ⅴ类比例＜20％	中等
Ⅰ～Ⅲ类水质比例＜75％，且 20％≤劣Ⅴ类比例＜40％	较差
Ⅰ～Ⅲ类水质比例＜60％，且劣Ⅴ类比例≥40％	差

（3）评价结果

大气环境质量分为优、良 2 级，其中拉萨市、山南市、昌都市、林芝市、阿里地区大气环境质量评级为优，其他地区大气环境质量评级为良。

水环境质量划分为优、良、中等 3 级，其中阿里地区日土县水环境质量等级为中等；拉萨市曲水县、堆龙德庆区，日喀则市桑珠孜区、白朗县、江孜县、康马县、定结县、拉孜县、萨嘎县，山南市贡嘎县、乃东区、加查县，林芝市巴宜区、米林县，昌都市卡若区等水环境质量评级为良；其他地区水环境质量评级为优。

总体环境质量同样划分为优、良、中 3 级，其中阿里地区日土县环境质量等级为中等；日喀则市，那曲地区，拉萨市曲水县、堆龙德庆区，山南市浪卡子县、乃东区、加查县，林芝市巴宜区、米林县，昌都市卡若区环境质量评级为良；其他地区环境质量评级为优（图 4－16）。

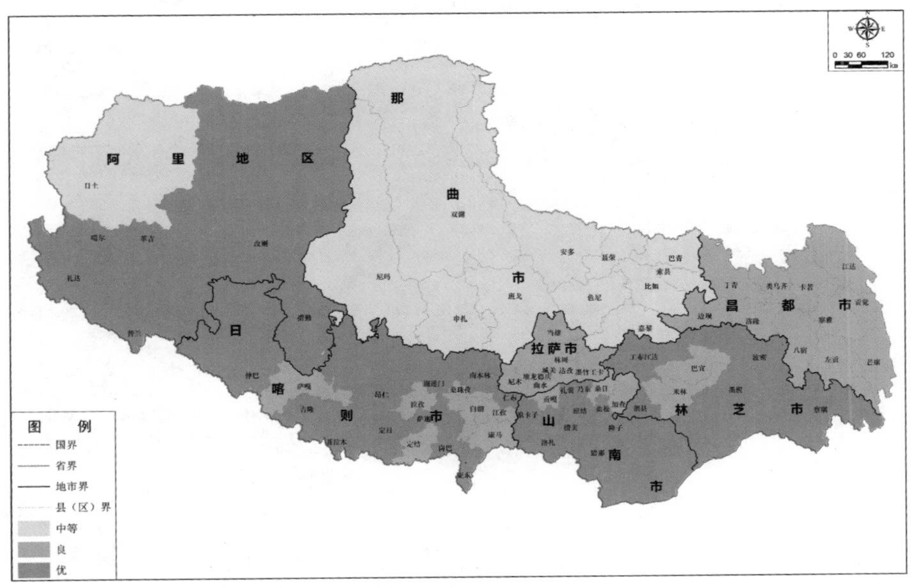

图 4－16　西藏自治区各县（区）环境质量分级评价图

4.4.2　污染物排放指数

（1）计算公式

[污染物排放指数]＝max{[大气污染物排放指数],[水污染物排放指数]}

[大气污染物排放指数]＝max{[二氧化硫排放强度],[氮氧化物排放强度],[烟尘排放强度]}

[水污染物排放指数]＝max{[化学需氧量排放强度],[氨氮排放强度]}

（2）计算说明

根据区域大气、水环境主要污染物排放情况，按照排放压力较大的指标表征区域污染物排放指数，根据污染物排放强度换算污染物排放等级。

（3）评价结果

大气污染物排放指数从二氧化硫排放强度、氮氧化物排放强度、烟尘排放强度三个方面进行评价。

二氧化硫排放强度等级从大到小划分为 5 级，其中那曲市色尼区及阿里地区除改则县以外的所有县区二氧化硫排放强度最大；阿里地区改则县、那曲市安多县二氧化硫排放强度等级为较大；山南市的错那县、那曲市除色尼区、改则县以外的其他县区二氧化硫排放等级为中等；拉萨市曲水县、堆龙德庆区，日喀则市吉隆县、定结县，山南市措美县，昌都市卡若区、丁青县、类乌齐县二氧化硫排放强度等级为较小；其他地区二氧化硫排放强度等级为小（图 4－17）。

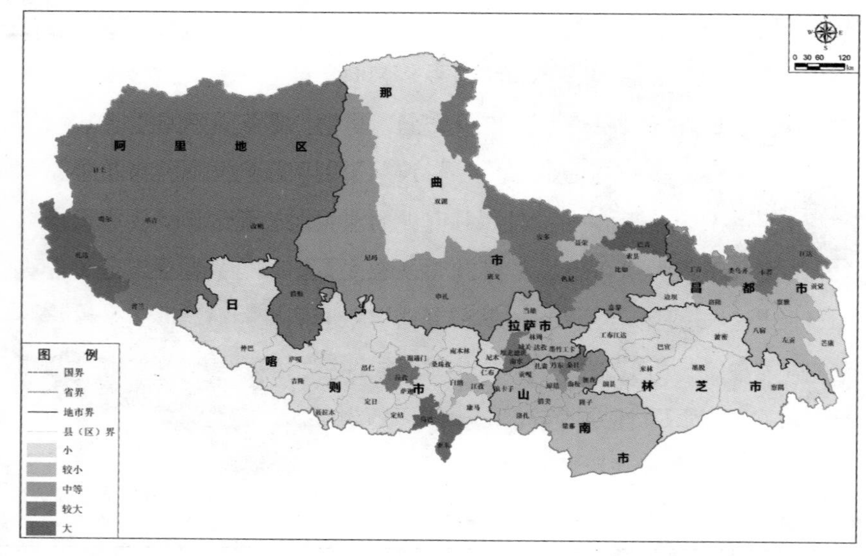

图 4－17　西藏自治区各县（区）二氧化硫排放强度分级评价图

氮氧化物排放强度等级从大到小划分为 5 级，其中那曲市色尼区、昌都市卡若区氮氧化物排放强度等级最大；那曲市安多县及整个阿里地区氮氧化物排放强度等级为较大；山南市错那县，那曲市除色尼区、安多县以外的其他县区氮氧化物排放强度等级为中等；拉萨市曲水县、堆龙德庆区，日喀则市吉隆县、定结县、拉孜县、萨迦县，山南市措美县，昌都市丁青县、类乌齐县氮氧化物排放强度等级为较小；其他地区氮氧化物排放强度等级为小（图 4－18）。

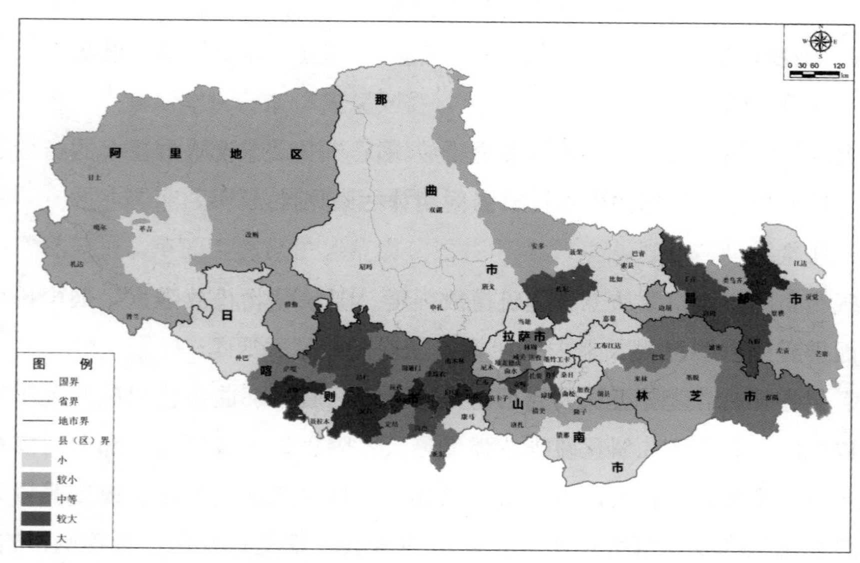

图 4－18　西藏自治区各县（区）氮氧化物排放强度分级评价图

烟尘排放强度等级从大到小划分为 5 级，其中那曲市色尼区，阿里地区札达县烟尘排放强度等级最大；那曲市安多县、班戈县及阿里地区除札达县以外的所有县区烟尘排放强度等级为较大；那曲市尼玛县、申扎县、聂荣县、索县、巴青县、比如县、嘉黎县，山南市错那县烟尘排放强度等级为中等；拉萨市曲水县、堆龙德庆区，日喀则市吉隆县、定结县、萨迦县，山南市措美县，昌都市卡若区、丁青县、类乌齐县，那曲市双湖县烟尘排放强度等级为较小；其他地区烟尘排放强度等级为小（图 4－19）。

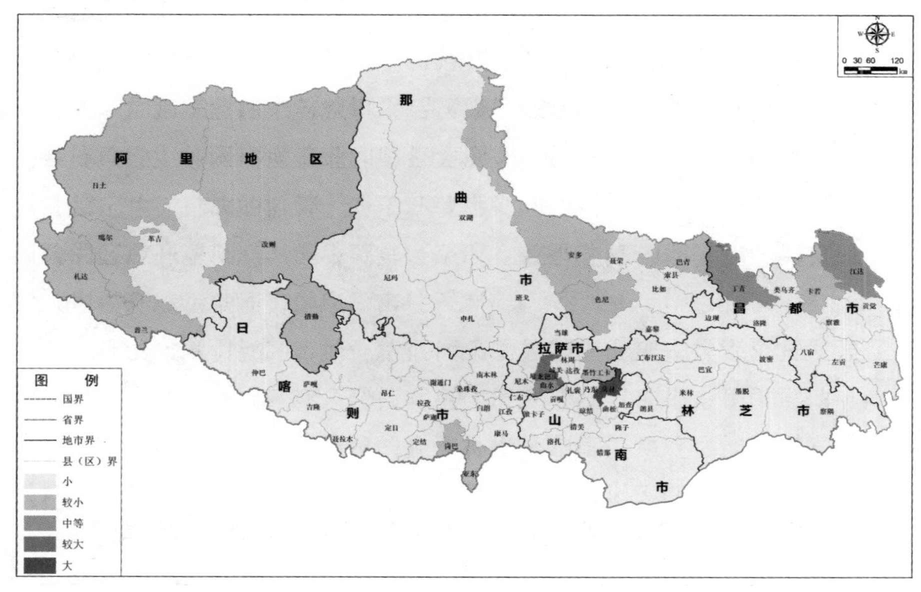

图 4－19 西藏自治区各县（区）烟尘排放强度分级评价图

水污染物排放指数从化学需氧量排放强度、氨氮排放强度两个方面进行评价。

化学需氧量排放强度等级从大到小分为 5 级，其中那曲市色尼区，昌都市卡若区、类乌齐县，日喀则市吉隆县、定结县、萨迦县，山南市琼结县化学需氧量排放强度等级最大；拉萨市堆龙德庆区，日喀则市桑珠孜区、萨嘎县、拉孜县、谢通门县、亚东县，山南市扎囊县、浪卡子县、错那县，林芝市巴宜区化学需氧量排放强度等级为较大；日喀则市定日县、白朗县、江孜县，山南市琼结县、措美县，林芝市朗县、米林县、墨脱县、察隅县、波密县，那曲市安多县、班戈县、比如县，阿里地区措勤县、日土县、噶尔县、札达县化学需氧量排放强度等级为中等；拉萨市曲水县、林周县、墨竹工卡县、达孜区，日喀则市仁布县、仲巴县，山南市乃东区、曲松县，那曲市尼玛县、双湖县、索县，昌都市江达县、芒康县化学需氧量排放强度等级为小；其他地区化学需氧量排放强度等级为小（图 4－20）。

氨氮排放强度等级从大到小划分为 5 级，其中那曲市色尼区，昌都市卡若区、类乌齐县，山南市琼结县，日喀则市吉隆县、定结县、萨迦县氨氮排放强度等级为最大；日喀则市拉孜县、谢通门县氨氮排放强度等级为较大；拉萨市堆龙德庆区，那曲市安多县、聂荣县、班戈县、比如县，林芝市巴宜区，山南市扎囊县、浪卡子县、错那县，日喀则市桑珠孜区、萨嘎县、亚东县，阿里地区札达县氨氮排放强度等级为中等；其他地区氨氮排放强度等级为较小或小（图 4－21）。

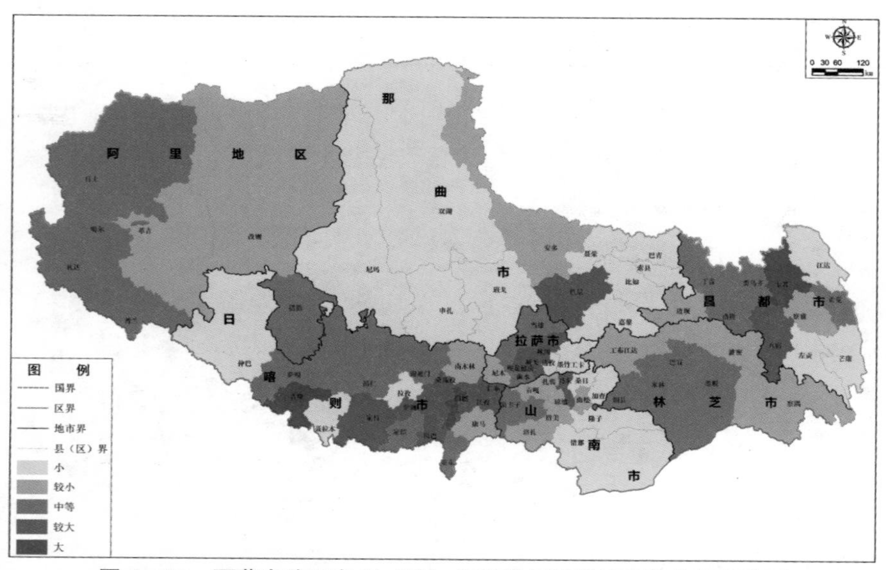

图 4－20　西藏自治区各县（区）化学需氧量排放强度分级评价图

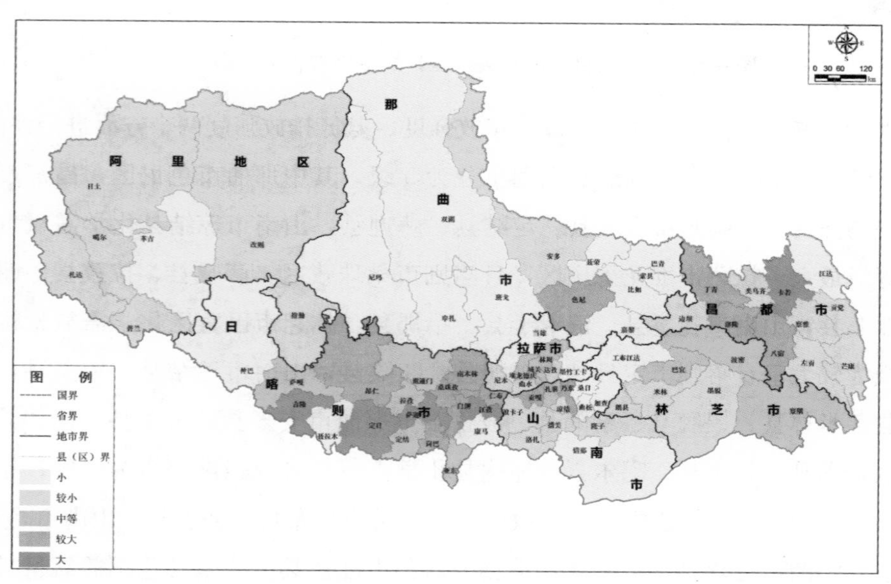

图 4－21　西藏自治区各县（区）氨氮排放强度分级评价图

4.4.3　人均可利用土地资源指数

（1）计算公式

[人均可利用土地资源指数]=[可利用土地资源]/[常住人口]

[可利用土地资源]=[适宜建设用地面积]−[已有建设用地面积]−[基本农田面积]

[适宜建设用地面积]=([地形坡度]∩[海拔高度])−[所含河湖库等水域面积]−[所含林草地面积]−[所含沙漠戈壁面积]

[已有建设用地面积]=[城镇用地面积]+[农村居民点用地面积]+[独立工矿用地面积]+[交通用地面积]+[特殊用地面积]+[水利设施建设用地面积]

[基本农田面积]=([适宜建设用地面积]内的耕地面积)×β(0.8,1)

（2）计算说明

按指标计算方法的要求和所需参数进行评价单元数据的提取和计算。按指标计算可利用土地资源，进行丰度分级，包括丰富、较丰富、中等、较缺乏、缺乏。

（3）评价结果

人均可利用土地资源从丰富到缺乏划分为 5 个等级，其中拉萨市曲水县、堆龙德庆区，日喀则市桑珠孜区、拉孜县，山南市贡嘎县、错那县，那曲市比如县，昌都市卡若区、类乌齐县、察雅县、江达县、左贡县、芒康县及林芝市除工布江达县以外的所有县区人均可利用土地资源等级为丰富；拉萨市林周县，日喀则市吉隆县、定日县、定结县、萨迦县，山南市浪卡子县、扎囊县、琼结县、乃东区、曲松县、隆子县，林芝市工布江达县、朗县，昌都市八宿县、边坝县、洛隆县、丁青县、贡觉县人均可利用土地资源等级为较丰富；拉萨市达孜区、墨竹工卡县、当雄县，日喀则市南木林县、聂拉木县、仁布县、白朗县、江孜县、亚东县，山南市洛扎县、措美县、加查县人均可利用土地资源等级为中等；拉萨市尼木县，日喀则市昂仁县、康马县，那曲市嘉黎县人均可利用土地资源等级为较缺乏；其他地区人均可利用土地资源等级为缺乏（图 4－22）。

4.4.4　人均可利用水资源指数

（1）计算公式

[人均可利用水资源指数]=[可利用水资源潜力]/[常住人口]

[可利用水资源潜力]=[本地可开发利用水资源量]−[已开发利用水资源量]+[可开发利用入境水资源量]

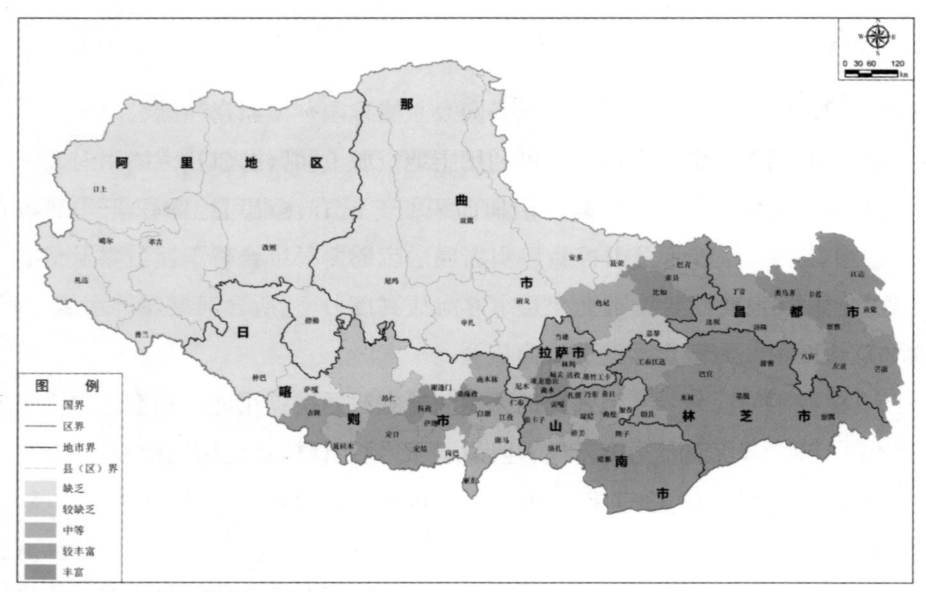

图 4－22　西藏自治区各县（区）人均可利用土地资源分级评价图

[本地可开发利用水资源量]＝[多年平均地表水资源量]－[河道生态需水量]－[不可控制的洪水量]

[已开发利用水资源量]＝[农业用水量]＋[工业用水量]＋[生活用水量]＋[生态用水量]

[可开发利用入境水资源量]＝[现状入境水资源量]×分流域片取值范围(0～5%)

（2）计算说明

采集多年平均地表水资源量，计算河道生态需水和不可控制洪水量，最后得出本地可开发利用水资源量。采集农业、工业、居民生活、城镇公共实际用水量和生态用水量，计算已开发利用水资源量。采集上游临近水文站实测的平均年流量数据作为多年平均入境水资源量，计算入境可开发利用水资源潜力。计算可利用水资源潜力和人均可利用水资源潜力，并划分为丰富、较丰富、中等、较缺乏和缺乏 5 个等级。

（3）评价结果

人均可利用水资源等级从缺乏到丰富划分为 5 级，其中拉萨市城关区人均可利用水资源等级为缺乏；拉萨市曲水县人均可利用水资源等级为较缺乏；拉萨市堆龙德庆区、达孜区，日喀则市桑珠孜区，山南市贡嘎县、扎囊县、琼结县、乃东区人均可利用水资源等级为中等；拉萨市尼木县、当雄县、那曲县、林周县、墨竹工卡县，日喀则市南木林县、萨迦县、亚东县、定日县、吉隆县、仲巴县，阿里地区噶尔县人均可利用水资源等级为较丰富；其他地区人均可利用水资源等级为丰富（图 4－23）。

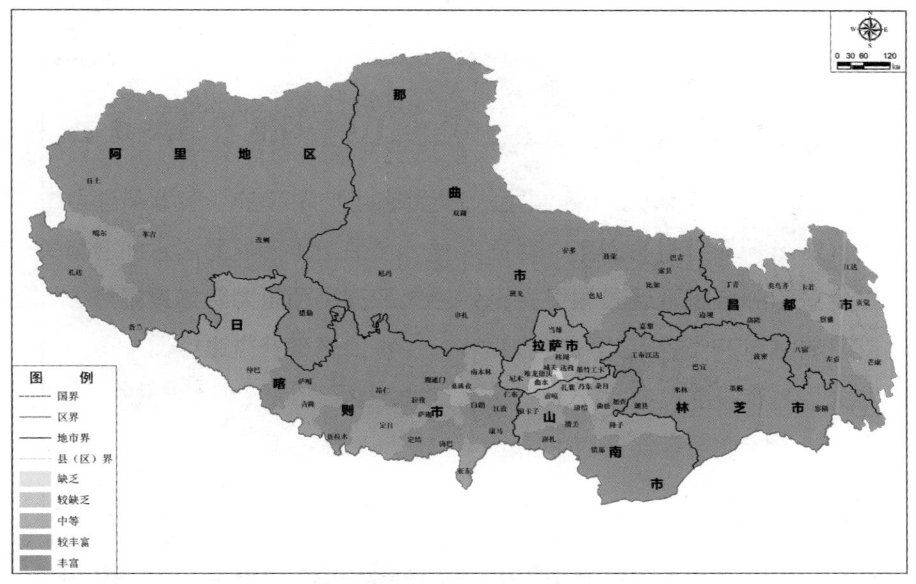

图 4－23　西藏自治区各县（区）人均可利用水资源分级评价图

4.5　生态环境功能综合评价

在对生态环境功能评价指标体系中各项指标评估的基础上，建立生态环境功能综合评价指数（A），计算方法如下：

$$A = KP_2 - P_1$$

式中：P_1——保障自然生态安全指数；

P_2——维护人群环境健康指数；

K——区域环境支撑能力指数。

区域综合评价指数越高的地区环境功能越偏向于维护人群环境健康，反之则偏向于保障自然生态安全。拉萨市林周县、达孜区、墨竹工卡县，山南市乃东区、曲松县，昌都市江达县、芒康县，生态环境功能综合指数最高；拉萨市曲水县、堆龙德庆区、当雄县，日喀则市桑珠孜区、亚东县、江孜县、仁布县，山南市加查县，林芝市巴宜区、工布江达县、波密县，生态环境功能综合指数较高；拉萨市尼木县，日喀则市南木林县、聂拉木县、定结县、康马县、白朗县，山南市洛扎县、错那县、隆子县，林芝市米林县、墨脱县、察隅县、朗县，昌都市卡若区、丁青县、边坝县、八宿县、左贡县、察雅县、贡觉县，那曲市色尼区、聂荣县生态环境功能综合指数为中等；其他地区生态环境功能综合指数为较低或低（图 4－24）。

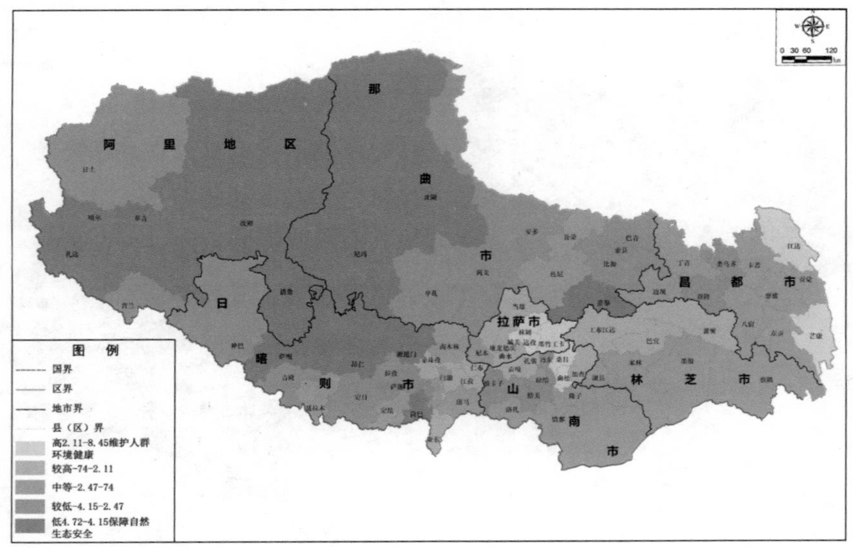

图 4－24　西藏自治区生态环境功能综合评价图

第5章　环境功能区识别

根据生态环境功能综合评价，计算出每个评价单元生态环境功能综合评价值，综合考虑对评价单元具有重要影响的主导因子以及相关的政策、规划等，确定不同类型环境功能区的主导因子，采用主导因素法对环境功能区进行识别。

5.1　需衔接的相关规划

5.1.1　西藏自治区主体功能区规划

根据《西藏自治区主体功能区规划》，西藏自治区主体功能区由国家层面和自治区层面的重点开发、限制开发、禁止开发三个类型构成。全区国土总面积120多万 km^2，其中：重点开发区域6.04万 km^2（国家级3.24万 km^2、自治区级2.8万 km^2），占国土总面积的5.03%（国家级占2.70%、自治区级占2.33%）；限制开发区域（农产品主产区）32.91万 km^2，占国土总面积的27.38%；限制开发区域（重点生态功能区）81.24万 km^2（国家级57.11万 km^2、自治区级24.13万 km^2），占国土总面积的67.58%（国家级占47.51%、自治区级占20.07%）。禁止开发区域，保护原名称，面积和位置见表5－1、表5－2。

5.1.1.1　重点开发区域

（1）国家层面重点开发区域

拉萨一泽当城镇圈。该区域位于藏中南地区的核心区域，包括拉萨城镇群和“一江两河”东部区。拉萨城镇群区域范围包括拉萨的城关区、堆龙德庆区、达孜区、曲水县、墨竹工卡县，面积1.16万 km^2，占全区总面积的0.97%。该区域人口43.5万人，占全区总人口的14.5%。山南城镇群区域范围包括山南市的乃东县、贡嘎县、扎囊县，区域面积0.67万 km^2，占全区总面积的0.56%。该区域人口14.1万人，占全区总人口的4.7%。

雅鲁藏布江中上游城镇带。区域范围包括日喀则市桑珠孜区、白朗县、江孜县，区域面积 1.03 万 km^2，占全区总面积的 0.86%。该区域人口 22.6 万人，占全区总人口的 7.5%。

尼洋河中下游城镇带。区域范围包括林芝市巴宜区林芝镇和八一镇，区域面积 0.19 万 km^2，占全区总面积的 0.16%。该区域人口 4.2 万人，占全区总人口的 1.4%。

青藏铁路沿线。区域范围包括拉萨市的当雄县当曲卡镇、那曲市的色尼区那曲镇，区域面积 0.2 万 km^2，占全区总面积的 0.17%。该区域人口 4.3 万人，占全区总人口的 1.4%。

(2) 自治区层面重点开发区域

藏东重点城镇。区域范围包括昌都市卡若区城关镇、察雅县烟多镇、江达县江达镇、芒康县嘎托镇、丁青县丁青镇，那曲市索县亚拉镇，以及林芝市波密县扎木镇，区域面积0.95 万 km^2，占全区总面积的 0.79%。该区域人口 11.4 万人，占全区总人口的 3.8%。

藏西重点城镇。区域范围以阿里地区噶尔县狮泉河镇、札达县托林镇为重点，在藏西区域实施据点式开发，区域面积 0.53 万 km^2，占全区总面积的 0.44%。该区域人口 1.3 万人，占全区总人口的 0.4%。

边境地区重点城镇。区域范围包括阿里地区普兰县普兰镇，日喀则市吉隆县吉隆镇、聂拉木县樟木镇、亚东县下司马镇，山南市错那县错那镇，林芝市墨脱县墨脱镇，日喀则市定结县陈潭镇、日屋镇和林芝市察隅县竹瓦根镇。该区域面积 0.98 万 km^2，占全区总面积的 0.8%。该区域人口 2.8 万人，占全区总人口的 0.9%。

藏中据点式开发城镇。区域范围包括日喀则市南木林县南木林镇、谢通门县卡嘎镇和拉孜县曲下镇，山南市曲松县曲松镇、加查县安绕镇，那曲市索县亚拉镇、安多县帕那镇，实施据点式开发。该区域面积 0.34 万 km^2，占全区总面积的 0.28%。该区域人口 3.8 万人，占全区总人口的 1.3%。

5.1.1.2 限制开发区域

(1) 农产品主产区

雅鲁藏布江中上游区主产区。区域范围分布在日喀则市的南木林县、仁布县、拉孜县、谢通门县、萨迦县、昂仁县，区域面积 5.89 万 km^2，占全区总面积的 4.9%。该区域人口 26.9 万人，占全区总人口的 9%。

雅鲁藏布江中游一拉萨河主产区。区域范围分布在山南市的琼结县、桑日县、曲松县、加查县和林芝市的朗县，以及拉萨市的林周县、尼木县，区域面积 1.78 万 km^2，

占全区总面积的 1.48%。该区域人口 15.6 万人，占全区总人口的 5.2%。

藏西北主产区。区域范围分布在阿里地区的噶尔县，区域面积 1.67 万 km^2，占全区总面积的 1.39%。该区域人口 0.6 万人，占全区总人口的 0.2%。

羌塘高原南部主产区。区域范围分布在那曲市的申扎县，区域面积 2.56 万 km^2，占全区总面积的 2.13%。该区域人口 2 万人，占全区总人口的 0.7%。

藏东北主产区。区域范围分布在那曲市的聂荣县、索县、巴青县、安多县、色尼区、比如县，昌都市的边坝县，区域面积 10.08 万 km^2，占全区总面积的 8.39%。该区域人口 33.8 万人，占全区总人口的 11.3%。

藏东南主产区。区域范围分布在林芝市的波密县和昌都市的卡若区、察雅县、芒康县、八宿县、左贡县、洛隆县，区域面积 7.65 万 km^2，占全区总面积的 6.36%。该区域人口 35.2 万人，占全区总人口的 11.7%。

尼洋河中下游主产区。区域范围分布在林芝市的工布江达县、米林县、巴宜区，区域面积 3.39 万 km^2，占全区总面积的 2.82%。该区域人口 6.5 万人，占全区总人口的 2.2%。

（2）重点生态功能区

藏西北羌塘高原荒漠生态功能区（国家级）。区域范围：在藏西北羌塘高原形成的带幅宽度不一的屏障带，包括阿里地区的日土县、革吉县、改则县和那曲市的班戈县、尼玛县、双湖县，区域面积 49.44 万 km^2，占全区总面积的 41.12%。该区域人口 12.6 万人，占全区总人口的 4.2%。

藏东南高原边缘森林生态功能区（国家级）。区域范围：在藏东南高原，自错那县沿边境线向东延伸，经过隆子县、墨脱县至察隅县，形成带幅宽度不一的森林生态功能区，包括山南市的错那县、林芝市的墨脱县和察隅县，区域面积 9.78 万 km^2，占全区总面积的 8.13%。该区域人口 4.3 万人，占全区总人口的 1.4%。

喜马拉雅中段生态屏障区（自治区级）。该屏障区主要分布在日喀则市的仲巴县、萨嘎县、吉隆县、聂拉木县、定日县、定结县、岗巴县、康马县、亚东县以及山南市的浪卡子县、洛扎县、措美县、隆子县，区域面积 13.13 万 km^2，占全区总面积的 10.92%。

念青唐古拉山南翼水源涵养和生物多样性保护区（自治区级）。该区主要分布于拉萨市的当雄县和那曲市的嘉黎县，区域面积 2.29 万 km^2，占全区总面积的 1.9%。

昌都市北部河流上游水源涵养区（自治区级）。该区主要包括昌都市的丁青县、类乌齐县、贡觉县、江达县，区域面积 3.71 万 km^2，占全区总面积的 3.09%。

羌塘高原西南部土地沙漠化预防区（自治区级）。该区主要分布于阿里地区的措勤县，区域面积 2.29 万 km^2，占全区总面积的 1.9%。

阿里地区西部土地荒漠化预防区（自治区级）。该区位于阿里地区的札达县、普兰县，区域面积 3 万 km^2，占全区总面积的 2.5%。

拉萨河上游水源涵养与生物多样性保护区（自治区级）。位于拉萨河上游段，包括林周县和墨竹工卡县境内热振藏布和曲绒藏布两条支流的部分乡镇，区域面积 0.1 万 km^2，占全区总面积的 0.08%。

5.1.1.3 禁止开发区域

（1）国家级禁止开发区域

国家级禁止开发区域见表 5－1。

表 5－1 国家级禁止开发区域名录

序号	名称	面积/km^2	位置
一、国家级自然保护区			
1	西藏拉鲁湿地国家级自然保护区	12.2	拉萨市
2	西藏雅鲁藏布江中游河谷黑颈鹤国家级自然保护区	6 143.5	林周县、达孜区、浪卡子县、南木林县、桑珠孜区、拉孜县
3	西藏类乌齐马鹿国家级自然保护区	1 206.15	类乌齐县
4	西藏芒康滇金丝猴国家级自然保护区	1 853	芒康县
5	西藏珠穆朗玛峰国家级自然保护区	33 810	定结县、定日县、聂拉木县、吉隆县
6	西藏羌塘国家级自然保护区	298 000	安多县、尼玛县、改则县、双湖县、革吉县、日土县、噶尔县
7	西藏色林错国家级自然保护区	18 936.3	申扎县、尼玛县、班戈县、安多县、色尼区
8	西藏雅鲁藏布大峡谷国家级自然保护区	9 168	墨脱县、米林县、巴宜区、波密县
9	西藏察隅慈巴沟国家级自然保护区	1 014	察隅县
二、世界文化自然遗产			
10	西藏布达拉宫	2.6	文化遗产

续表

序号	名称	面积/km²	位置
三、国家级风景名胜区			
11	纳木错—念青唐古拉山风景名胜区	4 873	当雄县、班戈县
12	唐古拉山—怒江源风景名胜区	7 998	安多县
13	雅砻河风景名胜区	920	贡嘎县、扎囊县、乃东县、琼结县、桑日县、曲松县、加查县
14	土林—古格风景名胜区	818	札达县
四、国家森林公园			
15	西藏巴松湖国家森林公园	4 100.00	工布江达县
16	西藏色季拉国家森林公园	4 000.00	巴宜区、米林县
17	西藏玛旁雍错国家森林公园	3 105.52	普兰县
18	西藏班公湖国家森林公园	481.59	日土县
19	西藏然乌湖国家森林公园	1 161.50	八宿县
20	西藏热振国家森林公园	74.63	林周县
21	西藏姐德秀国家森林公园	84.98	贡嘎县
22	西藏尼木国家森林公园	61.92	尼木县
五、国家地质公园			
23	西藏易贡国家地质公园	2 160	波密县
24	西藏札达土林国家地质公园	2 464	札达县
25	西藏羊八井国家地质公园	95.27	当雄县

(2) 自治区级禁止开发区域

自治区级禁止开发区域见表 5－2。

表 5－2　自治区级禁止开发区域名录

序号	名称	面积/km²	位置
1	林芝巴结巨柏自治区级自然保护区	0.08	巴宜区
2	纳木错自治区级自然保护区	10 610	当雄县、班戈县
3	札达土林自治区级地质遗迹自然保护区	2 465	札达县
4	昂仁搭格架地热间歇喷泉群自治区级地质遗迹自然保护区	3.47	昂仁县、萨嘎县
5	日喀则群让枕状熔岩自治区级地质遗迹自然保护区	5.02	桑珠孜区
6	工布自治区级自然保护区	20 149.81	工布江达县、米林县、朗县、巴宜区

续表

序号	名称	面积/km²	位置
7	玛旁雍错湿地自治区级自然保护区	974.98	普兰县
8	班公错湿地自治区级自然保护区	563.03	日土县
9	扎日南木错湿地自治区级自然保护区	1 429.82	措勤县、尼玛县、昂仁县
10	洞错湿地自治区级自然保护区	411.73	改则县
11	麦地卡湿地自治区级自然保护区	895.41	嘉黎县
12	桑桑湿地自治区级自然保护区	56.44	昂仁县
13	然乌湖湿地自治区级自然保护区	69.78	八宿县
14	昂孜错—马尔下错湿地自治区级自然保护区	940.4	尼玛县
15	日多温泉自治区级地质公园	3	墨竹工卡县
16	巴松措特有鱼类国家级水产种质资源保护区	100	
17	玛旁雍错国际重要湿地	733.99	普兰县
18	麦地卡国际重要湿地	237.30	嘉黎县
19	西藏多庆错国家湿地公园	327.2	亚东县
20	西藏嘎朗国家湿地公园	26.9	波密县
21	西藏雅尼国家湿地公园	69.7	米林县、巴宜区
22	西藏当惹雍错国家湿地公园	1 381.7	尼玛县
23	西藏嘉乃玉错国家湿地公园	35.1	嘉黎县
24	西藏年楚河国家湿地公园	20.2	白朗县
25	西藏朱拉河国家湿地公园	12.7	工布江达县
26	西藏拉姆拉错国家湿地公园	28.1	加查县
27	曲登尼玛风景名胜区	267	岗巴县
28	梅里雪山（西坡）风景名胜区	区划未完成，面积待定	左贡县、察隅县
29	卡日圣山风景名胜区	同上	仁布县
30	卡久风景名胜区	同上	洛扎县
31	勒布沟风景名胜区	同上	错那县
32	扎日风景名胜区	同上	隆子县
33	哲古风景名胜区	同上	措美县
34	鲁朗林海风景名胜区	同上	巴宜区

续表

序号	名称	面积/km²	位置
35	三色湖风景名胜区	同上	边坝县
36	娜如沟风景名胜区	同上	比如县
37	荣拉坚参大峡谷风景名胜区	同上	嘉黎县
38	神山圣湖风景名胜区	同上	普兰县

5.1.2 西藏自治区城镇体系规划

根据《西藏自治区城镇体系规划（2012—2020年）》，自治区全区土地被划分为禁止建设、限制建设、适宜建设三类地区进行空间管制。

5.1.2.1 禁止建设地区

禁止建设地区是指为确保国家生态安全屏障、建设生态西藏，依法设立的各类自然保护区和科学划定的不适宜人类生产生活的区域。

该区应实施一级空间管控，即由自治区政府依照法律法规直接对管控内容实施监管。管控内容主要包括区内的各类自然保护区、生态高度敏感地区、地质灾害多发地区、大型湖泊等。管控内容及其范围的确定、调整，以及在其范围内进行必要的建设，须经自治区政府及城乡规划委员会审查同意后，依法履行审批程序。

该区内已有的城镇和农牧区居民点，以稳固发展为主。对于人类生存和农牧生产条件特别恶劣的地区，应尽快实施生态恢复和安居搬迁等政策。

5.1.2.2 限制建设地区

限制建设地区是指资源承载能力有限，大规模集聚经济和人口的条件不足，关系到国家生态安全和能源战略，关系到西藏环境保护、农牧业发展质量、历史文化保护和重大基础设施建设等的区域，以及适度和稳固发展类型城镇。

该区应实施二级空间管控，即由自治区和地（市）两级政府，根据国家有关法律和规定，通过长效协调机制，对管控内容实施管理。管控内容主要包括区内的能源开发、资源利用、重大基础设施建设、历史文化保护和以资源承载力为前提的特色产业与农牧业发展布局等。该区内的重大基础设施和能源开发等项目的选址和建设，须经自治区政府及相关主管部门组织专家论证，依照法定程序报批。

限制建设地区Ⅰ：以适度发展为主，这一地区内的城镇和农牧区居民点，资源

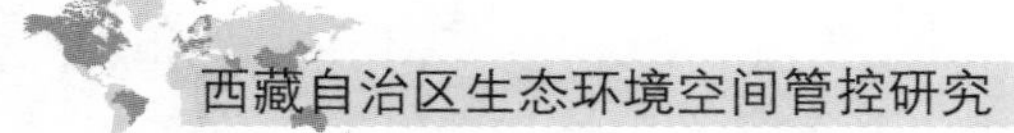

承载能力有限，要适度发展、改善生产生活条件、提高对广大农牧区的服务能力。

限制建设地区Ⅱ：以控制发展为主，这一地区内的城镇和农牧区居民点，资源环境脆弱，要控制发展规模、改善人居环境、积极引导农牧民适度向适宜建设地区转移。

5.1.2.3 适宜建设地区

适宜建设地区是指资源承载能力较强、具有一定的交通等基础设施支撑能力、经济和人口聚集条件较好的“一江四河”地区、区域中心城市（城镇）和特色产业城镇，以及其他优先发展类型城镇。

该区实施三级空间管控，即除全区性的重点项目由自治区政府统筹外，其他建设开发以地（市）一级政府事权为主，实施管理，并适当引入市场机制，发挥引导和促进作用。该区内除了全区性的重大基础设施（如铁路、航空、高等级公路）、能源开发、历史文化遗产保护等内容外，各项建设可由地（市）人民政府和行署按照批准的城乡规划依法实施管理，自治区政府应履行监督检查的职责。

该区内的城镇，应继续优化其发展条件，制定优先发展政策，强化其在旅游、交通、公共设施等方面的综合服务能力，并在特色产业发展、历史文化保护、资源集约利用、对口支援模式等方面发挥对全区的示范带头作用。

5.1.3 西藏自治区土地利用总体规划

根据《西藏自治区土地利用总体规划（2006—2020 年》，从土地利用功能分区角度出发，将西藏自治区划分为中心城市发展区、人口-产业集聚区、能源-矿产资源重点开发区、农牧业发展区、生态环境保护重点区等 5 个土地利用功能分区。

5.1.3.1 中心城市发展区

本区主要包括拉萨市城关区，本区土地面积 52 451.11 hm^2，占自治区土地总面积的 0.04%。

本区在全区的城市化水平最高，在区域经济社会发展中具有极为重要的地位，已形成较为健全的城市体系。本区土地利用应合理调整利用结构，提高首位度，加快形成能够带动和辐射全自治区发展的综合性中心城市。加强旧城改造，加快推进城市基础设施建设，以市政道路、给排水设施、防洪工程、污水和垃圾处理为重点，提升城市基础设施水平。突出加强特色经济支撑能力，大力发展旅游、商贸等第三产业和高新技术产业，促进产业结构改善、升级，严格控制并逐步缩减高污染、高能耗企业用地，积极防治土地污染，增加城市环保产业用地；节约集约用地，防止因产业密集、土地供需矛盾突出导致的乱占乱用，严格控制非农建设占用基本农田。合理调整农业结构，保持并适当增加蔬菜基地、果园和人工绿地，发挥农用地的生产、生态功能，因地制宜地发展城郊高附加值农业，突出都市农业的生态景观观赏性、休闲性和消费性。

5.1.3.2　人口-产业集聚区

本区由部分经济相对发达的县（市、区）组成，主要包括林周县、尼木县、曲水县、堆龙德庆区、达孜区、墨竹工卡县、仁布县、乃东县、扎朗县、贡嘎县、桑日县、琼结县、桑珠孜区、江孜县、白朗县、南木林、拉孜县、卡若区、色尼区、巴宜区，本区土地面积 8 957 511.04 hm^2，占自治区土地总面积的 7.45%。

本区土地利用的特点是具有一定的产业集中度和城市化水平，其利用功能是进一步完善城市体系、加快产业互动，使本区尽快发展成为自治区经济发展的支撑力量。本区应积极促进城市化体系的培育，加快桑珠孜区、泽当、色尼、昌都和狮泉河等重点小城市的建设，使这些城市迅速成为全区城镇体系中的二级中心城市，在拉萨、山南、昌都、日喀则、林芝等自然条件较好和经济发展水平较高的地市，有选择、高水平地建设小城镇，推进城镇化步伐，积极培育城市体系，为进一步集聚人口创造条件。大力加强土地利用的开发，提高土地利用效率，加快道路、供暖、燃气、垃圾和污水处理排放等基础设施和公共服务设施建设，切实改善生产生活条件，提高城镇综合服务功能，增强中心城镇功能和辐射带动作用。加大居民住宅建设用地和第三产业建设用地的规模，大力发展与生产和居民生活密切相关的第三产业。采取切实措施，鼓励发展具有资源优势、地方特色、市场竞争力的特色优势产业，尤其是旅游服务、手工艺品加工和食品加工业等，通过产业发展吸引和吸纳人口向城镇集聚，鼓励和支持农牧民向非农产业转移和向城镇适度集中。在土地利用安排上注重引导区内产业结构和产品结构的调整和改善，建设特色农业基地，发展特色农牧林产品加工业，培育以“高原”和“绿色”为内涵的品牌，增强市场竞争力。

5.1.3.3　能源-矿产资源重点开发区

本区主要由矿产资源开发的区域布局和区域设置中涉及的矿产能源资源富集的县（市、区）所组成，主要包括曲松县、江达县、贡觉县、当雄县、聂荣县、仲巴

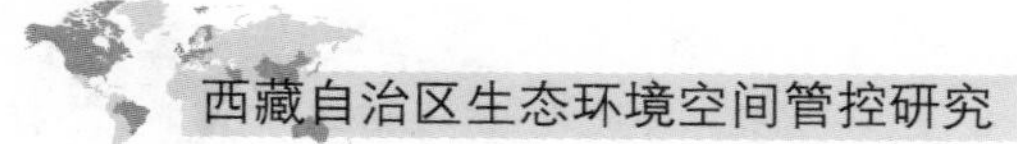

县，本区土地面积 13 394 716.53 hm^2，占自治区土地总面积的 11.14%。

本区域土地利用安排应重点满足当地优势能源、矿产资源的开发和利用所需。积极加快电力基础设施建设，提高电力投资在国民经济发展中的作用。加快电源建设步伐，积极开发以藏东资源为主的水能，提早研究西藏作为“西电东送”可持续发展接续基地的能源电力开发规划。同步加快输配电网建设，一是建设藏中大电网，二是扩大电网覆盖面，提高农牧区供电的可靠性。加快网外农牧区电力建设，推动农牧业地区、环境脆弱地区和边远地区太阳能、风能和地热等清洁能源、再生能源和新能源的使用，解决无电人口的用电问题。

大力发展矿业优势产业，推进矿产资源的科学开发，促进资源优势向经济优势转化。增加环保用地，发展配套环保产业，加强矿山地质环境生态建设，实现资源开发与生态环境保护的统一。根据矿产资源开采规划分类实施开采，加强当地矿产资源的战略性调查与评价和开发利用研究，一是全面普查、摸清家底，为优势矿种和国家紧缺矿种的重点地勘和商业性勘查提供基础条件；二是有选择地适度开发，防止破坏资源和产生生态环境问题，在已经摸清家底的成矿地区，如藏东以玉龙铜矿为龙头的矿产资源经济区，藏中以青藏铁路为纽带的地热、铜多金属开发经济带，藏西以盐湖锂资源、黄金矿产、铜多金属开发为主的矿产资源经济区，藏南以铬铁矿为主的矿产资源经济区等，改善交通能源条件，加强矿产资源综合利用技术的研究、开发、引进，逐步进行有序开发，积累高海拔地区的矿产开发技术和经验。

5.1.3.4 农牧业发展区

本区由以农牧业为经济主体的部分县（市、区）构成，主要包括类乌齐县、丁青县、洛隆县、边坝县、昂仁县、谢通门县、嘉黎县、比如县、索县、巴青县、嘎尔县、措勤县、札达县、普兰县、洛扎县、隆子县、亚东县、萨嘎县、岗巴县、萨迦县、康马县、措美县、浪卡子县、加查县、八宿县、左贡县、朗县、工布江达县，本区土地面积 36 136 514.70 hm^2，占自治区土地总面积的 30.06%。

本区土地利用方向应把严格保护耕地特别是基本农田放在优先地位，加强基本农田建设，着力开展基本农田范围内的土地整理工作，建立基本农田建设集中投入制度，加大公共财政对粮食主产区和基本农田保护区建设的扶持力度，推进基本农田保护示范区建设。大力改造中低产田土，平整土地、增厚土层，加强农田基础建设、渠系配套，兴修、完善水利工程，扩大保灌面积，合理调整作物播种结构，用养结合、培肥地力，不断提高土地生产能力；合理用药用肥，减轻农业污染；植树造林，加强农田生态建设，控制水土流失；调整、优化农业产业结构，发挥特色资源和生物多样性优势，稳定发展具有高原特色的农牧业，实施规模经营，发展高附加值的农牧业产品和特色生物产业，大力推广生态农业模式，发挥农业的生态保护功能，促进农业循环经济的发展；适度集中居住点，加强农村能源建设，改善农村面貌。综合运用多种技术措施保护天然草场，大力开展人工种草和草场改良，提高草场产草量；因地制宜地发展“草库”建设，加强草场水利设施配套建设和网围栏建设；加强草场灭虫、灭鼠、灭毒草工作，保护草场资源及其再生能力；建立完善的草原生态环境监测与保护系统，大力开展草场动态监测，科学调整载畜量，以草定畜，实行封育和分区轮牧制度；改良牲畜品种，大力发展草畜产品加工配套；加大退化草场综合治理力度，重点建设对草原生态环境有重要影响的工程，加速退化草原向良性方向演替，增强草地抵御自然灾害的能力，构建良性循环的草原生态环境体系。

本区农牧业的区域布局深受青藏铁路开通的影响。从农牧业的区域布局来看，本区分为4个区域：一是藏中沿江农牧业综合开发地区，重点提高农畜产品的质量，降低农畜产品的成本，提高市场竞争力；二是藏西南沿边牧农结合发展地区，重点改善农牧民生产和生活的基本条件，提高生产水平；三是藏东立体农林牧综合开发地区，重点培育农业产业化经营龙头企业，提高农畜产品的附加值；四是藏北牧业区，重点加强生态环境建设，保护和改善牧业生产条件。

5.1.3.5 生态环境保护重点区

本区由珠穆朗玛峰、雅鲁藏布大峡谷、羌塘国家级自然保护区所涉及的县（市、区）组成，主要包括吉隆县、聂拉木县、定结县、定日县、米林县、墨脱县、察隅县、波密县、芒康县、察雅县、尼玛县、日土县、革吉县、安多县、改则县、申扎县、班戈县、错那县，本区土地面积61 682 025.33 hm^2，占自治区土地总面积的51.31%。

本区土地利用重点加强自然保护区的建设与管理，抓好生态建设工程和基础设施工程，采取严格措施加强对区内自然环境、生态资源、生物资源、旅游资源的有效保护。实施藏东南“三江”流域生物多样性重点保护区、重点资源开采区、藏西北草原区生态保护工程，增加保护区建设资金投入，建立完善森林生态系统预防监测和保护体系，严格执行禁垦规定，严禁从事与生态环境保护不相关的各种不合理开发建设活动，防止人为破坏和污染保护区。在保护自然生态环境的前提下，因地制宜地发展本区资源环境可承载的生态旅游、生态能源、生态农业、特色畜牧业。以保护现有天然植被为主，抓好森林资源的保护，有计划、合理地采伐天然林，及时进行迹地更新，加快林业工人向营林管护转化；积极搞好林业用地内部结构调整，提高森林资源综合利用率；严禁各类建设占用水土保持林、水源涵养林和各种防护林，加强对水土流失的综合治理，加强荒山、荒沟、荒滩和荒丘绿化，控制水土流失，提高植被覆盖率。加强牧草地保护和管理，通过实施退化草地围栏工程、退化草地修复工程和人工草地建设工程，减缓和控制区域草原退化的势头，草原生态环境向良性循环方向发展。对适宜发展的县城和重点镇，积极实施生态移民工程，加强小城镇、移民新村和牧民新村建设，有计划地逐步引导农牧民向县城和重点镇转移。

5.1.4 西藏自治区矿产资源总体规划

5.1.4.1 矿产资源开发利用总体布局

根据《西藏自治区矿产资源总体规划（2008—2015 年）》，西藏自治区矿产资源开发重点推进“三区一线”，即“一江两河”、藏东、班一怒带和青藏铁路沿线（西藏境内）优势矿产资源的开发。

“一江两河”地区：包括日喀则市、山南市和拉萨市。在有效控制开采规模的前提下，继续发挥国家重要铬铁矿生产基地的作用。依托经济比较发达、具有较好基础设施的优势，充分发挥其在区内的辐射作用，重点加大铜、金、地热、建材的开采力度，逐步建成全国重要的铜多金属生产基地。

藏东地区：包括昌都市。依托资源极其丰富的优势，充分发挥西藏东大门的作用，加快铜等多金属资源开发，建成我国最重要的铜矿生产基地；以满足地方经济建设需要为目标，合理开发利用铅、锌、金、银、煤炭及建材矿产资源。

班一怒带：包括阿里地区和那曲市。充分发挥开发利用潜力巨大的铜、金矿优势；逐步带动以硼、锂为主的盐湖资源的综合开发利用。

青藏铁路沿线（西藏境内）：包括那曲市和拉萨市。重点培育建设有市场前景、能带动西藏经济发展的支柱性矿产。加大低品位铬、铜，以及富铁、建材、矿泉水和盐湖矿产等的开发，进一步发展已初具规模的支柱性矿产，更大程度地发挥支柱性矿产对经济社会发展的贡献作用。

5.1.4.2 矿产资源开采规划分区

按照统一规划、合理布局、加强环保、促进资源可持续合理利用的原则，全区划分重点开采区、资源保护区、禁止开采区、允许开采区 4 类共 37 处。

重点开采区（ZK）：将矿产资源相对集中、资源秉赋和开发利用条件相对较好的地区划为重点开采区（范围相当于矿集区或矿区），重点规划和统筹安排矿产开采活动，实现有序开发、规模开采和集约利用，引导和支持各类生产要素集聚，加大资源整合力度，引导资源向大型、特大型现代化矿山企业集中，促进形成集约、高效、协调的矿产开发格局。全区共设置玉龙、巨龙、多龙等重点规划开采区11个，其中国家级重点规划开采区 7 个，自治区级重点规划开采区 4 个。

资源保护区（C）：加强矿产资源宏观调控的力度，对国家规定实行保护性开采的特定矿种的重要矿产地，进行资源保护。矿产资源保护区要严格进行管理，根据经济社会发展需要，按有关规定统一调度使用。全区共规划美多、措美 2 个锑矿保护区，面积 4 249 km^2。

禁止开采区（J）：包括国家级和自治区级自然保护区、国家地质公园、国家森林公园、风景名胜区的缓冲区和核心区；地质灾害危险区；机场、国防工程设施圈定地区以内；重要工业区、大型水利工程设施、城镇市政工程设施附近一定距离以内；铁路、重要公路两侧一定距离以内；重要河流、堤坝两侧一定距离以内；国家重点保护的不能移动的历史文物和名胜古迹所在地；军事禁区等。西藏自然保护区、国家地质公园、国家森林公园等共 24 个，禁止开采区内不得新设采矿权，已建矿山限期予以关闭，并及时对矿山环境恢复治理。

允许开采区：除上述重点、保护、禁止开采区之外的其他地区为允许开采区。

5.1.5　西藏自治区地质灾害防治分区

根据“西藏自治区县（市）地质灾害调查与区划综合研究报告”，可将西藏自治区地质灾害防治划分为 5 个重点区，各区特征统计见表 5－3。

表 5－3　地质灾害重点防治分区特征一览表

分区代号	分区区域	面积/万 km^2	占全区面积/%	灾害点分布情况/个					点密度/(个/100 km^2)
				崩塌	滑坡	泥石流	其他	合计	
I_1	雅江流域、喜玛拉雅山脉南坡	24.98	20.89	1 271	890	3 608	250	6 019	2.409
I_2	三江流域一带	2.26	1.89	317	243	282	90	932	4.122
I_3	札达县周边	0.81	0.68	44	14	53	0	111	1.367
I_4	普兰县周边	0.10	0.08	26	9	21	0	56	5.545
I_5	上、下察隅沿线	0.21	0.18	46	24	62	0	132	6.280
合计		28.36	23.72	1 704	1 180	4 026	340	7 250	2.556

5 个重点防治区面积之和为 28.36 万 km^2，占全区国土总面积的 23.72%；灾害点总数 7 250 个，占全区灾害点总数的 85.7%。重点防治区灾害点平均密度 2.556 个/100 km^2，远高于全区灾害点分布平均密度（0.706 个/100 km^2）。各重点防治区特征如下：

（1）雅江流域、喜玛拉雅山脉南坡重点防治区面积最大，为 24.98 万 km^2，该区域是重要的经济开发区，重要的风景名胜区，重要的农业区，国道、省道等分布区，人口相对密集，人类工程活动频繁，崩、滑、流各类地质灾害均十分发育，灾害点总数达 6 019 个，占全区灾害点总数的 71.2%，灾害点密度 2.409 个/100 km^2，远高于全区灾害点分布平均密度，故作为重点防治区。

（2）三江流域一带重点防治区面积为 2.26 万 km^2。该区地形陡峻，水系发育，降水量大，人类工程活动较为频繁，是重要的三江源地区，崩、滑、流地质灾害发育，不稳定斜坡等其他地质灾害亦较发育，灾害点总数 932 个，灾害点分布密度 4.122 个/100 km^2，是全区灾害点分布平均密度的近 6 倍，故作为重点防治区。

（3）札达县周边地质灾害重点防治区面积为 0.81 万 km^2。该区崩塌、泥石流灾害发育，此外有滑坡灾害。灾害点总数 111 个，灾害点分布密度 1.367 个/100 km^2，是全区灾害点分布平均密度的 2 倍。

（4）普兰县周边地质灾害重点防治区面积为 0.10 万 km^2。该区范围小，但崩、滑、流地质灾害较为集中，且频繁发生。灾害点总数 56 个，灾害点分布密度 5.545 个/100 km^2，是全区灾害点分布平均密度的 7.8 倍。

（5）上、下察隅沿线地质灾害重点防治区面积为 0.21 万 km^2。该区面积较小，地形复杂，切割强烈，降水量集中，崩、滑、流地质灾害较为集中，且频繁发生。灾害点总数 132 个，灾害点分布密度 6.28 个/100 km^2，是所有重点防治区中灾害点分布密度最大地区，是全区灾害点分布平均密度的近 9 倍。

5.1.6 西藏自治区生态功能区划

《西藏自治区生态功能区划》一级区共计 7 个，利用区域地貌和气候特征进行命名。气候特征包括湿润、半湿润、半干旱、干旱、热带、亚热带、温带、寒温带、亚寒带和寒带等，地貌特征包括平原、丘陵、山地、高山、高原、河谷和盆地等。

《西藏自治区生态功能区划》二级区共计 17 个，利用区域生态系统与生态系统服务功能的典型类型进行命名。生态系统类型包括森林、灌丛、草地、荒漠、湿地和农田等，命名中择其重要或典型者。

《西藏自治区生态功能区划》三级区共计 76 个，利用区域的生态系统服务功能重要性、生态环境敏感性的特点进行命名。生态系统服务功能包括生物多样性保护、水源涵养、土壤保持、荒漠化控制、水文调蓄、自然灾害减轻、小气候调节、休闲娱乐等生态功能以及对区域经济发展起重要作用的农业、牧业、林业发展等生产功能。生态环境敏感性包括水土流失、沙化、盐渍化、山地灾害和冻融侵蚀等敏感性。

5.1.7　西藏自治区城镇饮用水水源地环境保护规划

根据“西藏自治区城镇饮用水水源地环境保护规划”，西藏自治区饮用水水源保护区分为一级保护区和二级保护区，同时在二级保护区范围外设置准保护区。划分结果如下。

5.1.7.1　地下水水源保护区

单井取水的地下水类型的水源地，其一级保护区以取水井为中心，半径 30 m 范围内；二级保护区以取水井为中心，半径 30～60 m 的影响范围内；准保护区为二级保护区以外半径 100 m 范围内。

执行该类水源保护区划分的有：

拉萨市：西郊自来水厂水源地、献多自来水厂水源地、北郊水厂水源地、药王山水厂水源地、柳吾新区规划水源地、林周县甘丹曲果甘曲水源地、当雄当曲卡镇当曲水源地、当雄中学水源地、尼木县尼木玛曲水源地、曲水县曲水镇曲甫路水源地、堆龙县东嘎镇水源地、达孜区德庆镇新仑河水源地、墨竹工卡县工卡镇金陵路水源地、工卡县中学水源地。

日喀则市：日喀则市南郊水厂水源地、日喀则市东郊水厂水源地、南木林镇仕欧村水源地、江孜镇自来水厂水源地、定日县协格尔镇水源地、拉孜县曲下镇自来水厂水源地、拉孜县曲下镇退休基地水源地、昂仁卡嘎镇三期水源地、卡嘎镇一期水源地、昂仁县中学水源地、白朗县洛江镇自来水厂水源地、白朗县中学水源地、德吉林镇自来水厂水源地、康马镇秀巴岗吉水源地、仲巴县拉让乡唐乡村老水源地、仲巴县拉让乡唐乡村新水源地、萨嘎县加加镇加布村水源地、加加镇自来水厂水源地、岗巴县雪村水源地。

山南市：山南一中水源地、泽当镇白日街水源地、泽当镇雅砻东路水源地、泽当镇康桑源水源地、泽当镇农科所水源地、泽当镇武警招待所水源地、泽当镇邮政物流中心水源地、扎塘镇扎塘村水源地、扎囊县中学水源地、吉雄镇自来水厂水源地、贡嘎县中学水源地、甲竹林镇水源地、隆子镇日日山水源地、隆子镇隆子河（雄曲）水源地、浪卡子镇归香水源地。

林芝市：八一镇第二水厂水源地、朗县朗村水电公司水源地、朗县朗村拉多河水源地。

昌都市：贡觉县莫洛镇老水厂水源地、左贡县镇水厂水源地。

那曲市：那曲镇滨河路水源地、那曲中学水源地、嘉黎县阿扎镇人民路水源地、比如县比如镇扎西村水源地、安多帕那镇日噶布水源地、申扎县申扎镇甲仁水源地、班戈县普保镇噶东山水源地、班戈县中学水源地、巴青县拉西镇十三村水源地、双湖区规划水源地、尼玛县尼玛镇莫昌藏布水源地。

阿里地区：普兰镇孔雀河水源地、札达县托林镇象泉河水源地、狮泉河镇自来水厂水源地、狮泉河镇南区水厂水源地、狮泉河镇老水厂水源地、日土镇自来水厂水源地、革吉镇自来水厂水源地、措勤县自来水厂水源地。

5.1.7.2 河流地表水源保护区

河流地表水水源地，其一级保护区为从取水点起算，上游 1 000 m 至下游 100 m 的水域及其河岸两侧 200 m 以内的陆域，二级保护区为从一级保护区上界起上溯 2 000 m的水域及其河岸两侧 200 m 以内的陆域，准保护区为从二级保护区上界起上溯 5 000 m 的水域及其河岸两侧 200 m 以内的陆域。

拉萨市均为地下水类型的水源地，除此之外，在其他各地区执行该类水源保护区划分的有：

日喀则市：江孜镇幸福干渠水源地、江孜镇曲龙沟水源地、萨迦镇达曲河水源地、卡嘎镇妹青郎水源地、卡嘎镇强布浪曲水源地、定结县江嘎镇朗卓普水源地、下司马镇唐嘎普水源地、下司马镇塘嘎尔布水源地、吉隆县宗嘎镇江久河水源地、吉隆县吉隆镇美多当仟水源地、聂拉木县充堆镇后山水源地、充堆镇一期水源地、充堆镇援藏水源地、樟木镇自来水厂水源地、岗巴县增布沟水源地。

山南市：琼结镇仲堆岗果沟水源地、措美镇丁那嘎水源地、洛扎镇东嘎普河水源地、洛扎镇麻木河水源地、安绕镇索朗沟水源地、错那镇雅玛荣河水源地、错那镇错龙沟水源地、浪卡子县中学水源地。

林芝市：原八一镇一水厂水源地、林芝镇朗翁村电站沟水源地、工布江达镇果园沟水源地、工布江达镇扎西哲布水源地、米林镇南伊河水源地、墨脱镇卓玛拉山夏不容河水源地、波密县扎木镇卓龙沟水源地、察隅县竹瓦根镇白冬曲沟水源地、察隅县竹瓦根镇吉太沟水源地、察隅县竹瓦根镇巴拉沟水源地。

昌都市：城关镇扎曲水源地、俄洛镇昂曲水源地、江达镇江达普水源地、莫洛镇多曲水源地、桑多镇格曲水源地、桑多镇龙帕沟水源地、丁青镇仲伯村水源地、烟多镇麦曲河水源地、白马镇拉曲水源地、旺达镇孟穷水源地、芒康嘎托镇然查曲水源地、孜托镇卓玛郎措河水源地、草卡镇马秀乡布谷沟水源地、草卡镇麦曲水源地。

那曲市：那曲镇那曲河水源地、比如镇昂荣沟水源地、比如镇觉若沟水源地、申扎镇甲岗山水源地、索县亚拉镇嘎清沟水源地、索县亚拉镇索曲河水源地、聂荣县聂荣镇新河水库水源地。

阿里地区：札达县托林镇友让沟水源地。

5.1.7.3　湖库水源地水源保护区

湖泊或水库水源地一级保护区：以取水点为中心，半径 500 m 范围内的水域、陆域；渠道上从输出口至取水点的水渠水域及两侧 200 m 以内的陆域；二级保护区：包括一级保护区以外的所有水域和正常蓄水线以上 200 m 内的陆域，以及从流入湖泊、水库的河流的入口上溯 2 500 m 的水域及河岸两侧 200 m 以内的陆域；准保护区：从二级保护区河道上界起上溯 5 000 m 的水域及河岸两侧 200 m 以内的陆域。

本规划涉及的 140 个水源地中，只有札达县托林镇托林水库水源地属于湖库水源地类型，该水源地的各级保护区按上述要求划分。

5.1.8　西藏自治区林地保护利用规划

《西藏自治区林地保护利用规划（2010—2020 年》依据西藏林业区划和西藏生态安全屏障建设规划分区，结合各地自然地理条件，在保持行政区域完整和地域集中连片的基础上，对全区林地利用空间布局进行调整和优化，把全区划分为藏西北高原荒漠生态治理与保护区、藏西南水土保持和生态环境综合治理区、藏东北水源涵养及特色经济林区、藏东南高原山地森林生态系统保育与生态旅游区 4 个林地功能区。

藏西北高原荒漠生态治理与保护区位于西藏自治区的西北部，包括阿里地区的改则县、措勤县、革吉县和日土县 4 个县，那曲市的聂荣县、安多县、班戈县、申扎县和尼玛县 5 个县。其主体范围属《全国主体功能区规划》中的藏西北羌塘高原荒漠生态功能区，除日土县外，其他 8 个县均为无林县。本区林地保护利用方向主要是为草原、荒漠等生态系统修复与保护提供生态支撑，有效遏制草原沙化、荒漠化进程，修复和保护高原草原生态系统，使该区特有的高寒野生动植物得到有效保护。

藏西南水土保持和生态环境综合治理区位于西藏自治区的西南部，包括阿里地区南部的噶尔县、扎达县和普兰县 3 个县，日喀则的所有 18 个县（区），山南市除隆子县、洛扎县和错那县外的 9 个县（区），以及拉萨市的所有 8 个县（区）。其主体范围属《全国主体功能区规划》中的藏东南以农牧产品生产加工为主体的重点开发地区。本区林地保护利用方向主要是在保护好区内山地森林生态系统的基础上，致力于防治水土流失和土地沙化，优化区域生态环境，提升生态支撑保障能力，为区域经济社会发展提供生态安全保障。

藏东北水源涵养及特色经济林经营区位于西藏自治区的东北部，包括那曲市东部的色尼区、嘉黎县、巴青县、比如县和索县 5 个县（区），昌都的所有 11 个县（区）。本区林地保护利用方向主要是提升区域森林涵养水源、调节气候的能力，改善区域生态环境，保护生物多样性，适度发展以中药材、林果为主体的特色经济林基地，增强区域特色林产品供给能力，为区域天然林资源保护创造条件。

藏东南高原山地森林生态系统保育及生态旅游区位于西藏自治区东南部，包括山南市的洛扎、错那和隆子 3 个县，林芝的所有 7 个县（区）。区内察隅、墨脱、错那 3 县属《全国主体功能区规划》中的藏东南高原边缘森林生态功能区。本区林地保护利用方向主要是强化高原山地森林生态系统保育，优化生物多样性环境，保护生物多样性；适度发展云杉、冷杉、高山松等优质珍贵用材林和核桃、桃、苹果等木本粮油林培育为主体的商品林；有序开展森林生态旅游。

5.2 重点区块识别

5.2.1 重要水系分布

从地域上，西藏的水系可分为藏东片、藏东南片、藏南片和藏北片。藏东片主要包括“三江”（金沙江、澜沧江、怒江）流域，面积约 8 万 km^2；藏东南片主要包括雅鲁藏布江大拐弯地区和察隅流域。喜马拉雅山南坡的亚东、陈塘、樟木等地也划归此片，面积约 14 万 km^2；藏南片主要是指冈底斯—念青唐古拉山脉以南、喜马拉雅山脉以北的地区，面积约为 40 万 km^2；藏北片是指藏北内流水系区，面积约 58 万 km^2。全区主要水系分布情况见图 5－1。

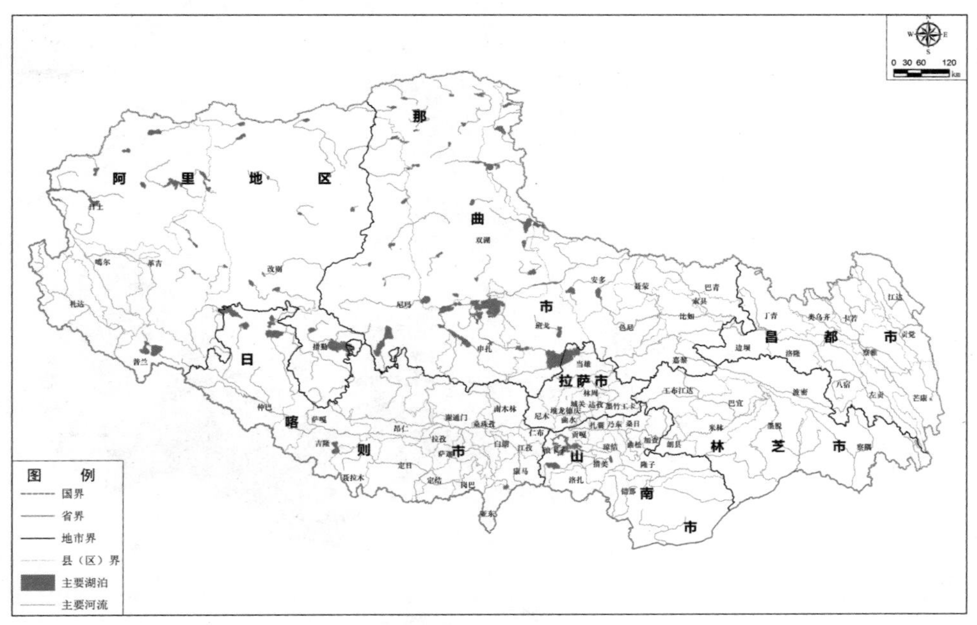

图 5－1　西藏自治区重要水系分布图

5.2.2　生态系统类型分布

西藏气候水平与垂直分异显著，生态变化复杂，全区生态系统类型多样。按地貌单元和土地类型可划分山地生态系统、湖盆生态系统和河谷生态系统。山地生态系统可分为高山寒漠生态系统和低山丘陵生态系统；湖盆生态系统可分为荒漠生态系统和湿地生态系统；河谷生态系统主要有平原生态系统和高山峡谷生态系统。

由于全区植被区系地理成分复杂，全国 15 个植被分布区类型的植物在西藏均有分布，而且大部分地区仍保持着较原始的天然植被，直接反映出当地的自然环境特征。自治区生态系统按植被类型可划分为林地生态系统、草地生态系统、湿地生态系统、人工生态系统等，其中草地生态系统面积最大。全区各生态系统类型分布见图 5－2～图 5－5。

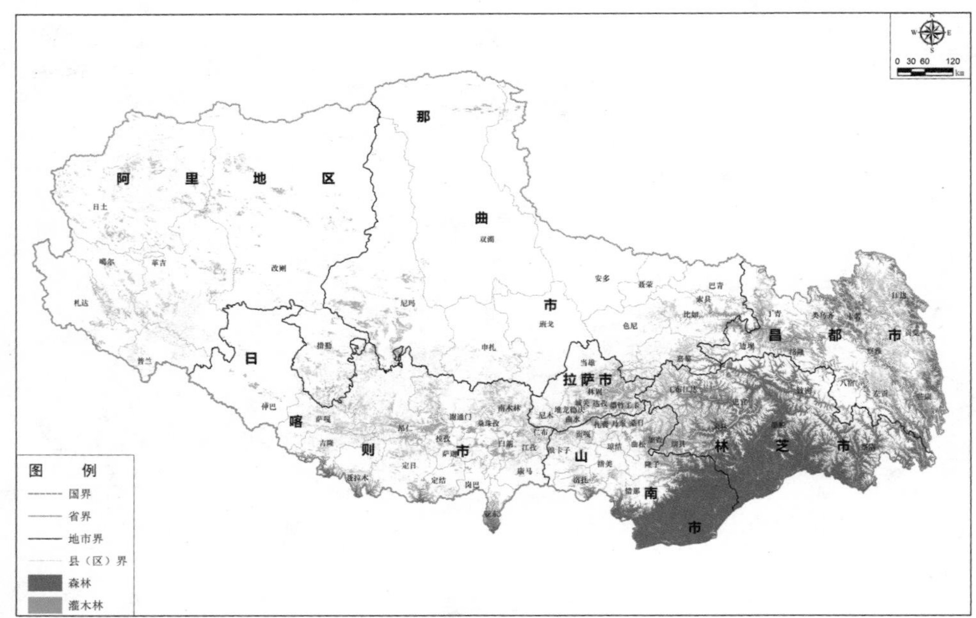

图 5－2　西藏自治区林地生态系统分布图

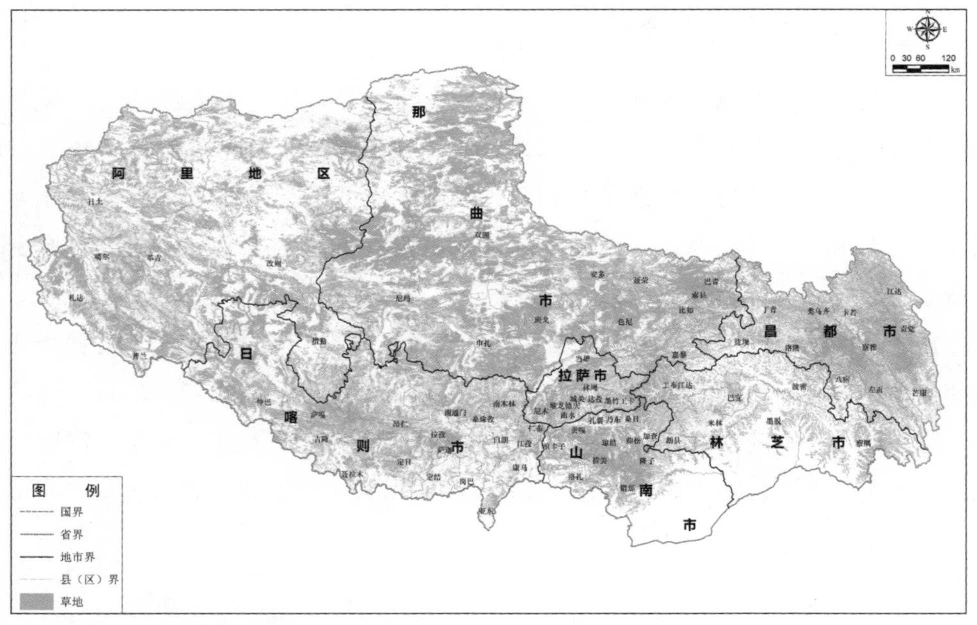

图 5－3　西藏自治区草地生态系统分布图

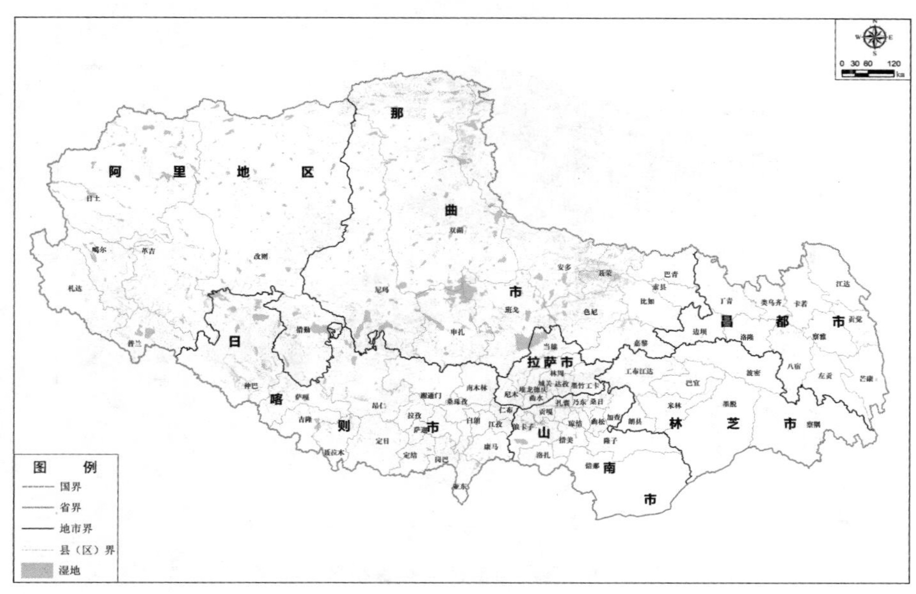

图 5－4　西藏自治区湿地生态系统分布图

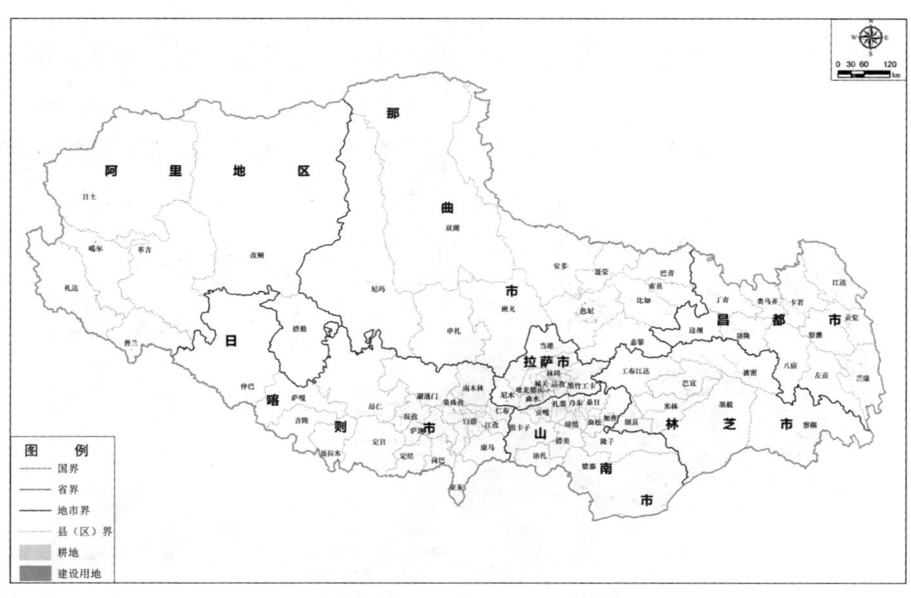

图 5－5　西藏自治区人工生态系统分布图

5.2.3　各类保护地分布

西藏自治区各类保护区主要是指国家级、省级自然保护区、风景名胜区、森林公园、湿地公园、地质公园等，具体各类保护区分布情况见图 5－6。

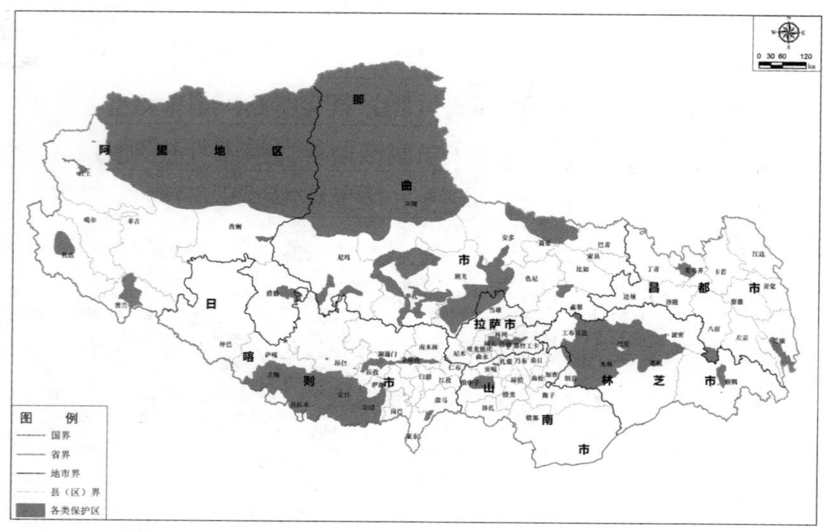

图 5－6　西藏自治区各类保护区分布图

5.2.4　重点生态功能区分布

根据《西藏自治区主体功能区规划》，西藏重点生态功能区包括藏东南高原边缘森林生态功能区、藏西北羌塘高原荒漠生态功能区、喜马拉雅中段生态屏障区、念青—唐古拉山南翼水源涵养和生物多样性保护区、昌都地区北部河流上游水源涵养区、羌塘高原西南部土地沙漠化预防区、阿里地区西部土地荒漠化预防区、拉萨河上游水源涵养与生物多样性保护区，其空间分布情况见图 5－7。

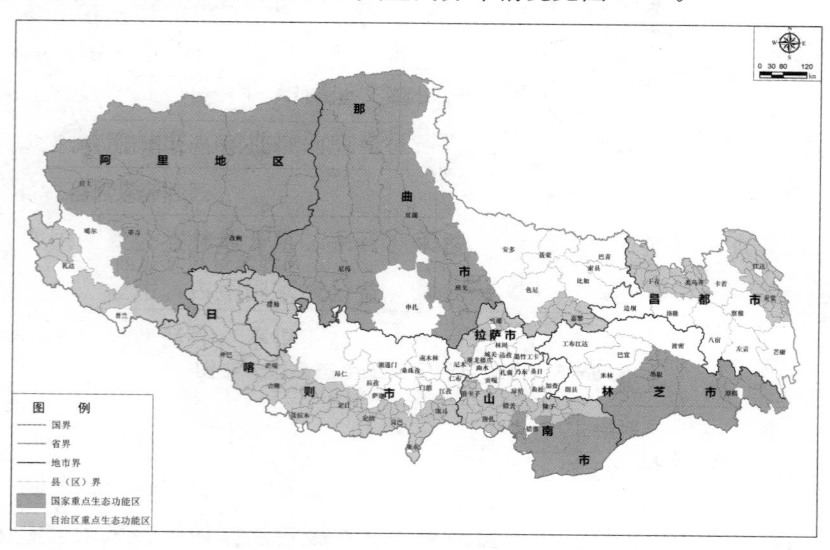

图 5－7　国家和自治区重点生态功能区

5.2.5　农产品主产区分布

根据《西藏自治区主体功能区规划》，未来西藏重点建设以“七区七带”为主体的自治区农产品主产区，具体包括雅鲁藏布江中上游区主产区、雅鲁藏布江中游—拉萨河主产区、藏西北主产区、羌塘高原南部主产区、藏东北主产区、藏东南主产区、尼洋河中下游主产区等，其空间分布情况见图 5－8。

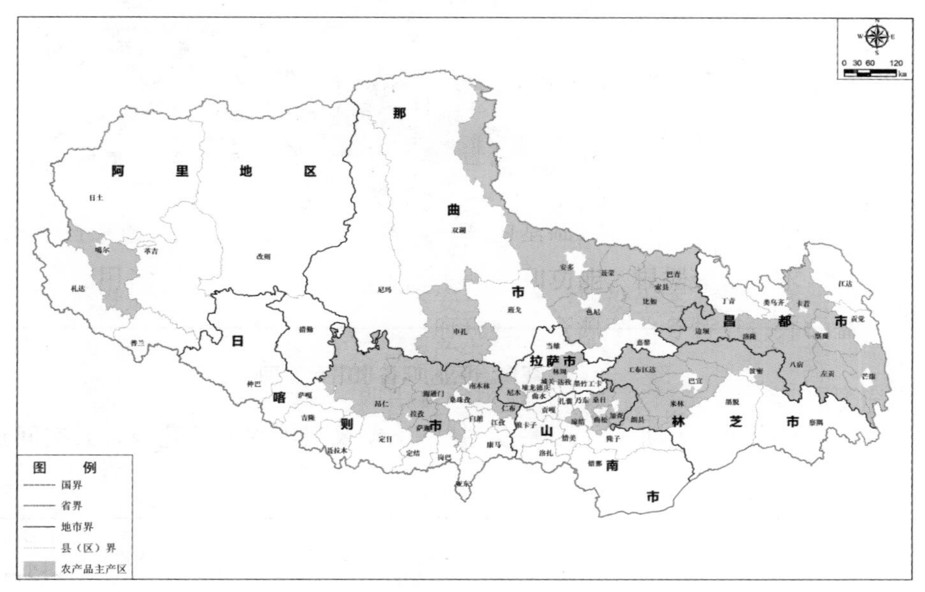

图 5－8　西藏自治区农产品主产区分布图

5.2.6　人口集聚区分布

通过对西藏全区人口集聚度的分析评价，识别出西藏人口集中分布区域，主要包括拉萨市城关区、堆龙德庆区、曲水县、达孜区、墨竹工卡县、林周县、当雄县、尼木县、日喀则市、南木林县、谢通门县、拉孜县、白朗县、聂拉木县、定日县、亚东县、江孜县、仁布县、乃东县、贡嘎县、扎囊县、琼结县、桑日县、曲松县、隆子县、林芝县、工布江达县、朗县、色尼区、比如县、索县、卡若区、丁青县、江达县、贡觉县、察雅县、芒康县等县城区或重点镇，具体空间分布情况见图 5－9。

5.2.7　水能资源开发点分布

根据《西藏电网“十二五”主网架滚动规划》，未来西藏水能资源开发主要包括果多、金河、巴玉、大古、街需、藏木、加查、老虎嘴、多布、忠玉、旁多、金桥、

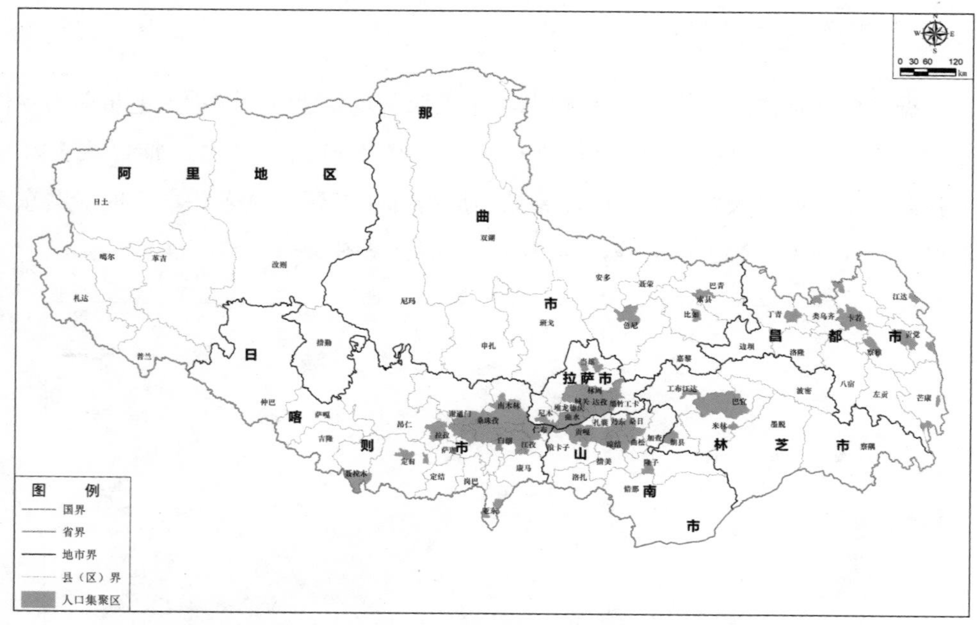

图 5-9 西藏自治区人口集聚区分布图

雪卡、直孔、曲冰湖、羊湖一厂、满拉、拉洛、象泉河等水电站建设，其空间点位分布情况见图 5-10。

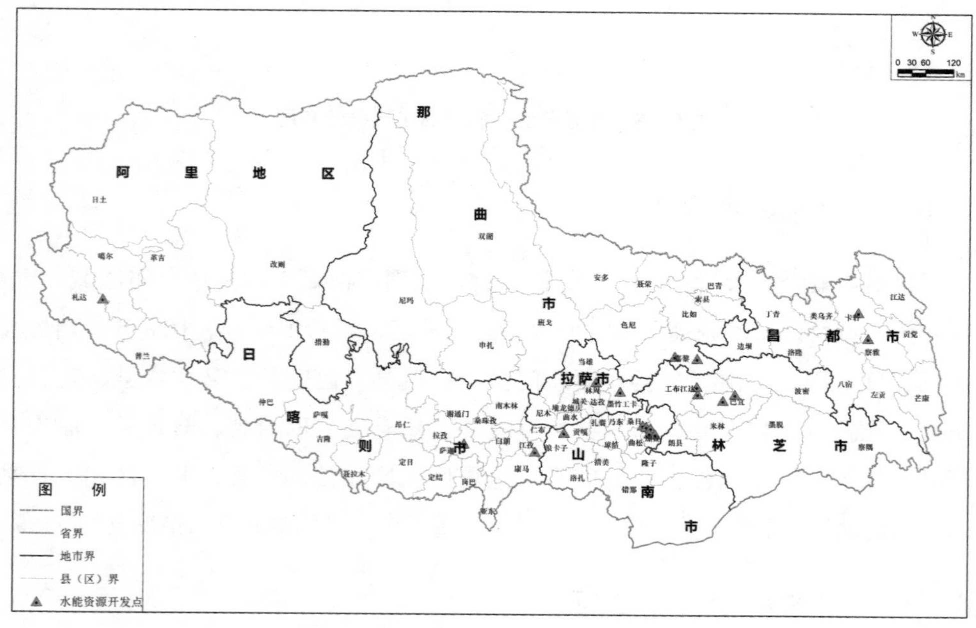

图 5-10 西藏自治区水能资源开发点分布图

5.2.8　矿产资源开采点及重点开采区分布

根据《西藏自治区矿产资源总体规划（2008—2015 年）》，西藏矿产资源开发主要包括全区 81 个矿产资源开采点，涉及地热、大理岩、煤、矿泉水、硼矿、金矿、钼矿、铁矿、铅矿、铜矿、铬铁矿、银矿、锂矿、锑矿、锡矿、高岭土等资源开采，其空间点位分布情况见图 5－11。

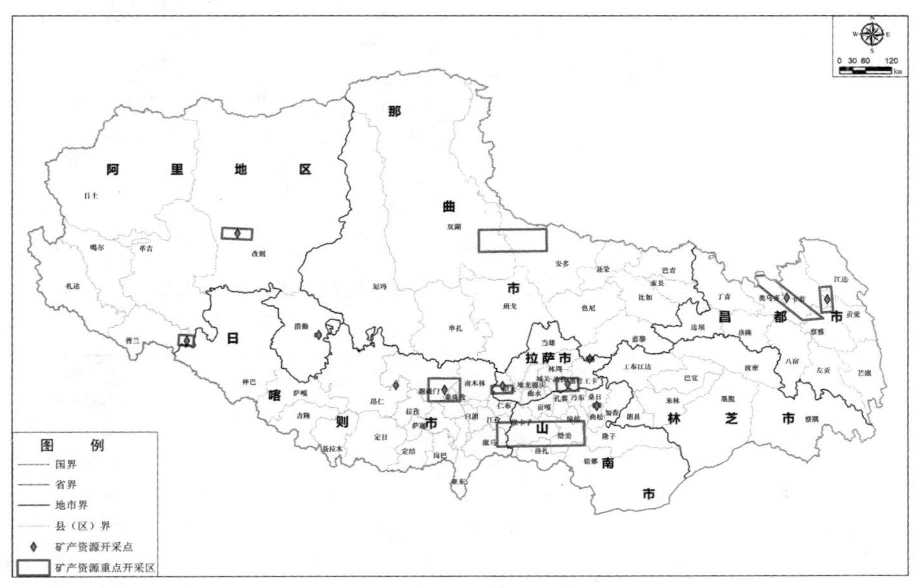

图 5－11　西藏自治区矿产资源开采点及重点开采区分布图

5.2.9　太阳能、风能、地热能开发点分布

根据《西藏电网“十二五”主网架滚动规划》，未来西藏太阳能、风能、地热能资源开发主要包括日喀则市甲龙沟光伏电站、拉萨市当雄县羊八井光伏电站、那曲龙源风力发电站、拉萨市当雄县羊易地热电站等建设，其空间点位分布情况见图 5－12。

5.2.10　重点工业园区分布

根据《西藏自治区“十二五”时期工业园区发展规划》，西藏全区主要工业园区（图 5－13）包括以下 11 个。

拉萨国家级经济技术开发区：支持以高原特色生物和绿色食（饮）品、藏药研发与生产、新能源为主业，鼓励发展电子信息等高新技术产业，大力发展总部经济，

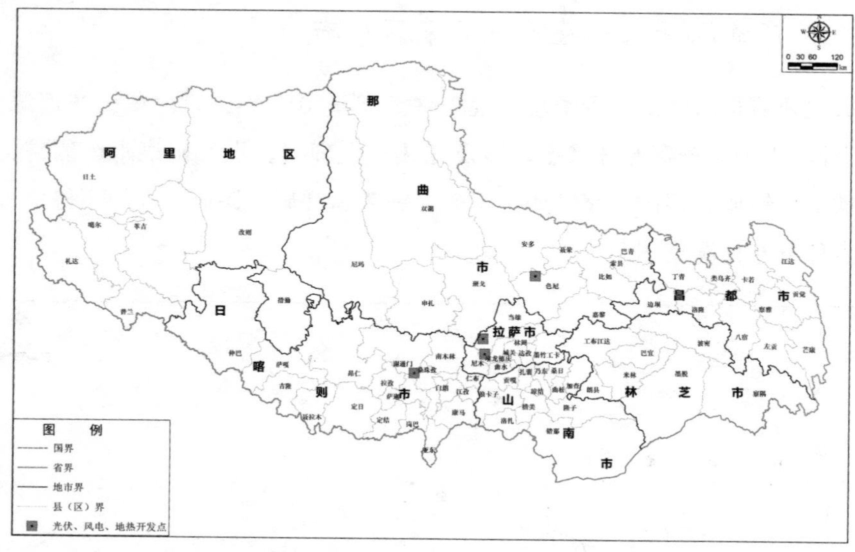

图 5－12　西藏自治区太阳能、风能、地热能开发点分布图

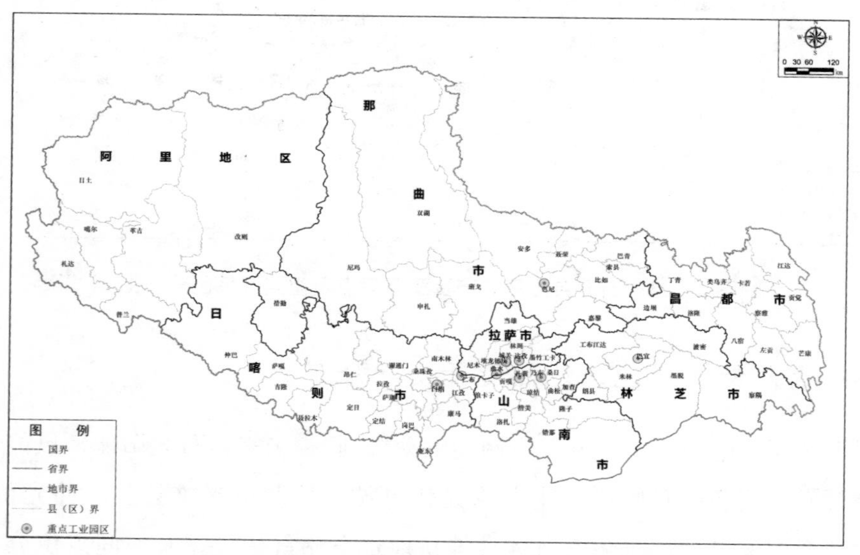

图 5－13　西藏自治区重点工业园区分布图

未来建设成为集高原特色、生态环保、新能源、文化产业和南亚进出口加工基地为一体的综合性多功能产业示范园区和国家新型工业化示范基地。

达孜工业园区：支持以高原特色生物和绿色食（饮）品、民族手工业、新能源为主业，未来建设成为高原特色产业生态工业园和科技孵化园。

曲水雅江工业园区：支持以新型建材、可再生资源利用、藏药生产与研发为主业。

堆龙工业园区：支持以物流仓储、流通配送等现代服务业和农畜产品加工为主业，未来建设成为藏中地区物流发展中心。

山南建材工业园区，支持以新型建材业、新能源为主业，鼓励发展光伏发电产业。

日喀则仁布佳木斯工业园区：支持以农副产品加工为主的当地特色优势资源加工业。

那曲物流中心工业加工区：支持以特色畜产品深加工、矿泉水生产和商贸物流业为主业。

林芝生物科技产业园：支持以高原生物制药业、林下产品等高原绿色食品加工为主业。

日喀则工业园（民族手工业园）：以农畜产品加工、高原生物与绿色食（饮）品制造、建材为主业，园内设立民族手工业功能区，未来建设成为后藏地区工业产业集聚区。

扎囊民族手工业园：以当地特色氆氇产业为主业，鼓励发展民族特色纺织业。

白朗农副产品加工区：建立以当地农副产品精深加工为主的特色产业园区。

5.2.11　城镇饮用水水源地分布

根据“西藏自治区城镇饮用水水源地环境保护规划”，西藏全区城镇饮用水水源地包括全区各县区（市）140 个集中式饮用水水源地，布局相对分散，大多数分布在城区周边，其空间点位分布情况见图 5－14。

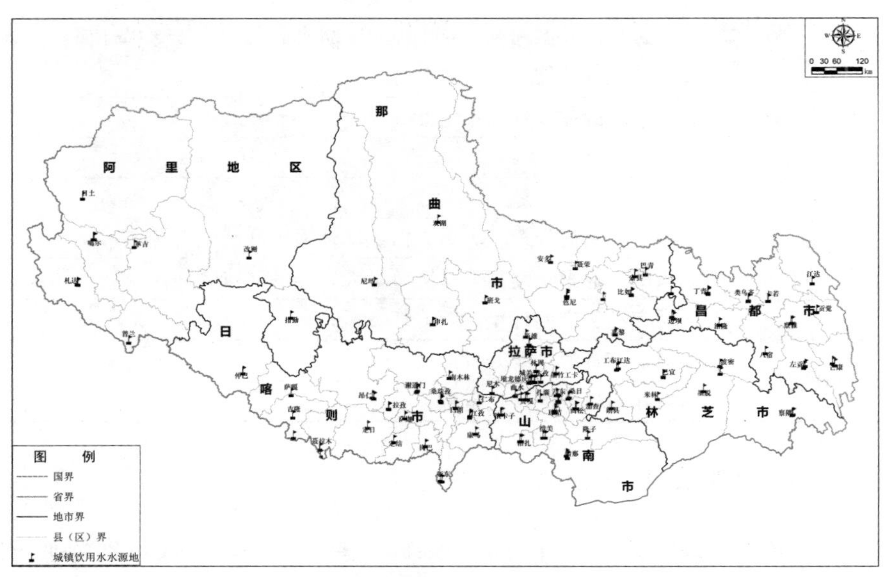

图 5－14　西藏自治区城镇饮用水水源地分布图

5.3 环境功能区识别与划分条件

5.3.1 环境功能区识别

根据生态环境功能综合评价指标，每个评价单元都相应的有一个生态环境功能综合评价值，分值越高的地区环境功能越偏向于维护人群环境健康方面，反之则偏向于保障自然生态安全方面。

综合考虑对评价单元具有重要影响的主导因子以及相关的国家政策、规划，如《西藏自治区主体功能区规划》《西藏自治区城镇体系规划》《西藏自治区土地利用总体规划》等。通过选取不同类型环境功能区的主导因素，划分自然生态保留区、生态功能保育区、食物环境安全保障区、聚居环境维护区和资源开发环境引导区，对评价结果进行修正，提出环境功能区划备选方案。

主导因素法是自上而下划分环境功能区的技术方法，划分各类型区的主导因素见表 5－4。

表 5－4 各环境功能类型区的主导因子

环境功能区	主导因子
自然生态保留区	人口密度极低，人口流动性差
	经济总量小，经济活力低
生态功能保育区	存在沙漠化、土壤侵蚀、土壤盐渍化等风险
	具有较高的水源涵养、水土保持、防风固沙、生物多样性保护及其他生态系统服务功能
	生态系统的完整性、稳定性
食物环境安全保障区	主要农产品产地
	主要畜牧产品产地
聚居环境维护区	区域人口聚居规模较大，人口流动性强，城镇化水平高
	区域的产业聚集度高，经济总量大，经济增速快
	区域存在一定的环境问题或环境风险
资源开发环境引导区	能源矿产资源主要开发地区
	具有相对稀缺的特色资源

5.3.2 环境功能区划分条件

以各评价单元环境功能综合评价值为基础，考虑各类功能区识别的主导因素，划分各类环境功能区。其中，在边界范围上，省级环境功能区主要在参考环境功能

综合评价值的基础上，主要站在生态的角度，按照区域自然地理特点，并结合社会经济布局来划分边界。划分过程中考虑当地行政分区及其变化，汇总当地社会、经济、文化发展状况，区域所在地的社会信息和人为活动，如人口密度和分布，以及区域所在地的经济现状和发展规划等；市县级环境功能区划在此基础上更细化、更具体，例如还考虑当地的道路、水系等边界。

各类功能区的划分条件如下：

（1）Ⅰ类区——自然生态保留区

自然生态保留区是指具有一定的自然文化资源价值区域，以及尚未受到大规模人类活动影响且仍保留着其自然特点的较大连片区域。其主要包括依法设立的省级及以上的自然保护区、风景名胜区、森林公园、地质公园和县级以上饮用水水源保护区等，还包括极重要的自然文化遗产。

（2）Ⅱ类区——生态功能保育区

生态功能保育区的划分在进行各单元环境功能综合评价的基础上主要考虑的是生态系统的类型，当地的地形、地貌及自然地理边界。其中，水源涵养区主要包括湿地、湖泊等，划分过程中考虑了小流域的完整性以及生态系统的完整性；水土保持区主要考虑了土壤类型、坡度、海拔、经纬度等因子；防风固沙区主要考虑了易发生土地沙化的区域；生物多样性保护区主要包括动植物最集中的区域范围。

（3）Ⅲ类区——食物环境安全保障区

食物环境安全保障区包括全区主要粮食及优势农产品主产区、主要畜牧业发展地区，进一步划分为粮食及优势农产品环境安全保障区、畜牧产品环境安全保障区。其将土地利用规划集中连片耕地、园地及主体功能区规划中的农产品主产区划为食物环境安全保障区。

（4）Ⅳ类区——聚居环境维护区

聚居环境维护区包括人口分布密度较高、城市化水平较高、区域开发建设强度较高，未来城镇化和工业化发展潜力较大的地区，是主体功能区规划确定的优化开发区和重点开发区。其划分过程中主要考虑的因子包括人口密度、流动强度等，重点考虑城镇体系规划中的人口集聚地区。

（5）Ⅴ类区——资源开发环境引导区

资源开发环境引导区包括能源富集的能源基地、矿产资源丰富的矿产资源勘查开发基地和水能资源富集区等地区，需要维护资源集中连片开发区域的生态环境质量，以保障当地及周边地区生态环境安全的区域。

西藏自治区环境功能区划分条件具体见表 5－5。

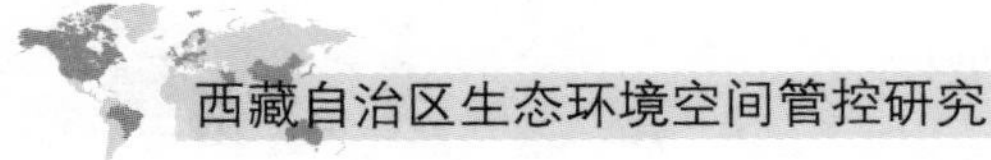

表 5－5　各环境功能区划分依据

环境功能区类型	区域特点	环境功能及范围	划分主要依据
Ⅰ类区——自然生态保留区	需要特别保护的区域	具有代表性的自然生态系统、珍稀濒危野生动植物物种的天然集中分布地、有特殊价值的自然遗迹所在地以及城镇饮用水供给地区等	1. 主体功能区规划的禁止开发区域； 2. 土地利用总体规划的禁止建设区； 3. 城镇饮用水水源地环境保护规划
Ⅱ类区——生态功能保育区	生态环境敏感度高，具有生态系统服务功能的区域	以维持区域生态功能为主，提供水源涵养、水土保持、防风固沙、生物多样性维持等生态服务功能，需保持并提高生态调节能力的区域	1. 生态系统敏感性和生态系统重要性评价； 2. 土壤类型、坡度、海拔、经纬度、丘陵山地，重要湖库、河流及其两侧一定范围等； 3. 生态功能区划中水源涵养、水土保持、防风固沙、生物多样性维持的重点地区
Ⅲ类区——食物环境安全保障区	保障主要农、牧业产品产地环境安全的区域	以保障农产品安全生产为主，包括主要粮食及优势农产品主产区和畜牧产品主产区	1. 主体功能区规划（农产品主产区）； 2. 土地利用规划（限制建设区、基本农田、耕地集中区）等
Ⅳ类区——聚居环境维护区	以居住、商业等为主的城镇化区域	人口密度较高、集中进行城镇化的区域	1. 人口密度、经济密度、城市化程度等； 2. 城镇体系规划、土地利用规划（优化建设区）
Ⅴ类区——资源开发环境引导区	以资源开发为主的区域	包括区域矿产资源、水资源开发强度较高的区域，提供健康安全的生产环境	1. 适宜建设的范围、开发强度等； 2. 矿产资源总体规划、“十二五”期间综合能源发展规划

第 6 章　环境功能分区方案与对策研究

按照主导因素法依次识别不同区域主导环境功能类型，结合经济社会现状布局和发展趋势，综合考虑与各类相关规划的有机衔接，以及各类环境功能区保护优先等级，将西藏全区国土空间划分为自然生态保留区、生态功能保育区、食物环境安全保障区、聚居环境维护区和资源开发环境引导区等五类环境功能区，形成全区环境功能区科学布局。

6.1　分区方案

西藏全区划分的自然生态保留区总面积 427 434 km²，占全区国土面积的 35.6%；生态功能保育区总面积 568 262 km²，占全区国土面积的 47.3%；食物环境安全保障区总面积 155 089 km²，占全区国土面积的 12.9%；聚居环境维护区总面积 43 785 km²，占全区国土面积的 3.6%；资源开发环境引导区总面积 7 620 km²，占全区国土面积的 0.7%（图 6－1、表 6－1）。

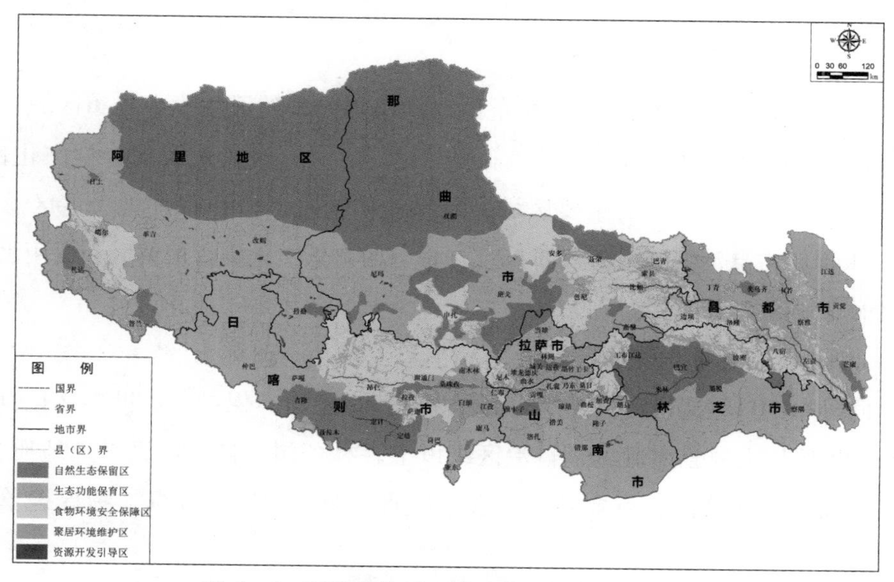

图 6－1　西藏自治区环境功能区划方案示意图

表 6－1　西藏自治区环境功能类型区统计表

环境功能区	环境功能亚区	面积/km²	比例/%
Ⅰ 自然生态保留区	Ⅰ－1 自然文化资源保留区	427 358	35.6
	Ⅰ－2 饮用水水源保护区	76	—
	小　计	427 434	35.6
Ⅱ 生态功能保育区	Ⅱ－1 极重要敏感区	269 765	22.4
	Ⅱ－2 较重要敏感区	298 497	24.8
	小　计	568 262	47.3
Ⅲ 食物环境安全保障区	Ⅲ－1 农产品环境安全保障区	34 307	2.9
	Ⅲ－2 畜牧产品环境安全保障区	120 782	10.0
	小　计	155 089	12.9
Ⅳ 聚居环境维护区	Ⅳ－1 环境优化区	33 277	2.8
	Ⅳ－2 环境治理区	5 157	0.4
	Ⅳ－3 环境风险防范区	5 351	0.4
	小　计	43 785	3.6
Ⅴ 资源开发环境引导区	Ⅴ－1 矿产资源开发引导区	2 177	0.2
	Ⅴ－2 水能资源开发引导区	5 443	0.5
	小　计	7 620	0.7
合　计		1 202 190	100.0

6.1.1　自然生态保留区

自然生态保留区是全区珍稀、濒危野生动植物物种的天然集中分布区域，汇集了西藏各种有代表性的自然生态系统和自然遗迹，具有极其重大的科学文化价值，是全区保护自然文化资源的重要区域、珍稀动植物基因资源保护地。该区总面积427 434 km²，占自治区国土面积的35.6%，分为自然文化资源保留区和饮用水水源保护区 2 个亚区（图 6－2）。

（1） Ⅰ－1 自然文化资源保留区

空间分布：自然文化资源保留区主要为县级以上自然保护区、世界文化自然遗产、自治区级以上风景名胜区、自治区级以上森林公园、自治区级以上地质公园、自治区级以上湿地公园、重要湿地、水产种质资源保护区、重点文物保护单位等区域。

区域特征：自然文化资源保留区包括西藏自治区有代表性的自然生态系统、珍

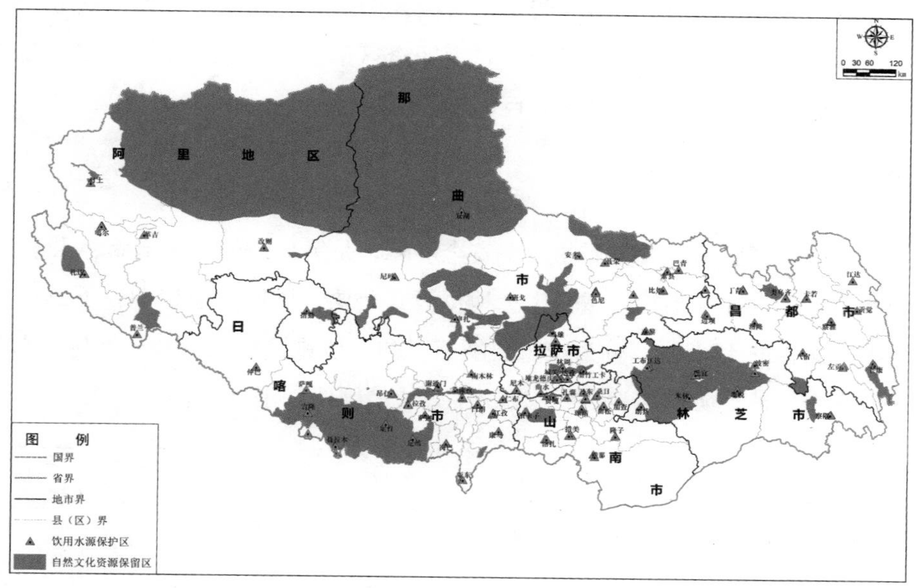

图 6－2　西藏自治区自然生态保留区分布图

稀濒危野生动植物物种的天然集中分布地，有特殊价值的自然遗迹所在地和文化遗址。自然文化资源保留区是受法律保护的区域，其自然状况保存较好，具有丰富的旅游资源；人为活动少，部分自然文化资源保留区内有人口居住；区域的工业产值比例较低，单位国土面积的产值较低，产值主要来自旅游业。总体上区内污染少或基本无污染源，环境质量状况较好，基本保持在自然背景值状态。

环境压力：主要来自于区域内的旅游资源开发活动，交通、通信、电网等基础设施建设以及居住在区域内的少量人类活动，极少部分地区也受矿产资源开发、城镇化发展等影响。

（2）Ⅰ－2 饮用水水源保护区

空间分布：饮用水水源保护区主要指全区各县区（市）140 个集中式饮用水水源地，布局相对分散，大多数分布在城区周边。

区域特征：全区 140 个集中式饮用水水源地中，110 个水源地各级保护区内存在无关建筑；62 个水源地一级保护区内有水污染源，60 个水源地一级保护区内有垃圾堆放情况；43 个水源地一级保护区内分布有耕地或牧草地；45 个水源地二级保护区内有污水排放，47 个水源地二级保护区内有垃圾堆放情况；48 个水源地二级保护区内有耕地或牧草地分布。

环境压力：全区 140 个饮用水水源地中，67.8％的水源地一级保护区内均有污染源分布，60.7％的水源地二级保护区内有污染源分布，47.9％的水源地准保护区内有污染源分布。在饮用水水源一级保护区内，应禁止有污染源，而全区 67.8%的饮用水水源一级保护区内有污染源分布，说明全区的饮用水水源地污染源清除工作压力大，水源地环境保护工作任务艰巨。

6.1.2 生态功能保育区

生态功能保育区是西藏重要的生态安全屏障，是关键性的水源涵养、水土保持、防风固沙、生物多样性维护区域，生态地位极其重要。该区总面积 568 262km²，占自治区国土面积的 47.3%，分为极重要敏感区和一般重要敏感区 2 个亚区，包括水源涵养、水土保持、防风固沙、生物多样性维护等类型（图 6－3）。

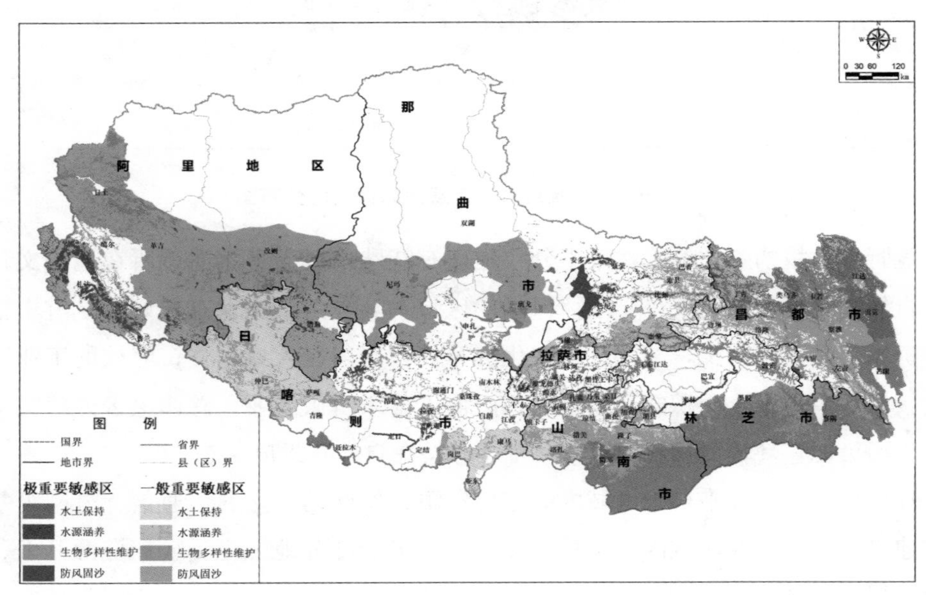

图 6－3 西藏自治区生态功能保育区分布图

极重要敏感区集中分布在山南市南部的措美县、隆子县、错那县、林芝市南部的墨脱县、察隅县、昌都市的贡觉县、芒康县、察雅县以及阿里地区西部的日土县、札达县，在其余各县均有零星分布，总面积 269 765km²，约占全区国土面积的 22.4%，其中，水源涵养型区域主要分布昌都市北部，水土保持型区域主要分布在山南市中部，防风固沙型区域主要分布在阿里地区西南部，生物多样性维护型区域主要分布在山南市东南部和林芝市南部。

一般重要敏感区主要分布在阿里地区的革吉县、日土县、札达县普兰县、那曲市的尼玛县、色尼区、班戈县、嘉黎县、日喀则市的仲巴县、萨嘎县等，总面积 298 497km²，约占全区国土面积的 24.8%。其中，水源涵养型区域主要分布在昌都

市北部、拉萨市北部和那曲地区东南部，水土保持型区域主要分布在日喀则市西部和东南部，防风固沙型区域主要分布在阿里地区西南部，生物多样性维护型区域主要分布在阿里地区中部和那曲市中南部。

（1）水源涵养型区域

空间分布：水源涵养区主要分布在阿里地区南部、日喀则地区东部、山南地区西部以及当雄、嘉黎、班戈、丁青等县部分地区。

区域特征：水源涵养区降水丰富，植被覆盖度高，水源涵养能力强，以森林、植被较好的山区、水源涵养林和江河流域为主。这些区域包含部分具有水源涵养功能的自然保护区和天然地带性植被保存较好的地区，生态系统结构相对完整，多为大江大河的源头，水源涵养能力强。水源涵养区还包括生态公益林、水源涵养林等植被保存相对完整，水源涵养服务功能较强的半人工、人工水源保护区。

环境压力：区内环境压力主要来自人类活动干扰和自然变化。人类活动主要为城镇化建设、矿山开采等，自然变化主要为水系水量减少和洪水、泥石流等自然灾害。区外环境压力主要来自全球气候变暖、环境恶化，区外矿山开采产生的环境污染在区内外迁移所带来的影响。

（2）土壤保持区型区域

空间分布：土壤保持区集中分布在昌都市北部丁青、江达、贡觉等县，零星分布于札达、革吉、日土、萨嘎、尼玛、当雄、嘉黎、察隅等县局部地区。

区域特征：土壤保持区主要为土壤侵蚀敏感性极为敏感的地区，局部地区由于过度开采和人类活动导致水土流失严重。该区水资源较为丰富，受水流侵蚀影响，易发生水土流失，同时，水土流失又会严重影响河流水质，因此，土壤保持功能极为重要。

环境压力：区内压力主要来自不合理的土地利用、过度放牧等人类活动，导致自然植被破坏，生态系统服务功能退化，加剧水土流失；矿山开采造成局部区域环境污染，破坏地表植被，降低区域水土保持能力。道路修建、水电开发等工程建设活动易改变地表状况，破坏植被，造成水土流失。区外压力主要来自于全球气候变暖，气温升高，易发暴雨，引发滑坡、泥石流等地质灾害，加剧水土流失。

（3）防风固沙区型区域

空间分布：防风固沙区集中分布在雅鲁藏布江上游仲巴县、萨嘎县；南羌塘措勤县、尼玛县；中喜马拉雅山北翼定结县、岗巴县、亚东县、康马县等地。

区域特征：防风固沙区为沙漠化敏感性极为敏感的地区，该区沙化土地类型复杂，流动沙（丘）地、半固定沙（丘）地、裸露沙砾地、固定沙（丘）地、半裸露沙砾地等类型都有分布，其中裸露、半裸露沙砾地面积较大。这些裸露、半裸露的沙砾地如不及时治理，进一步发展就可能成为流动、半流动沙地。高原地势高亢，寒冻风化作用强烈，地表植被覆盖小，易于沙砾化。高原整体处于西风急流控制区，风力作用强盛，特别是冬春季节，气候干旱，加剧了风蚀作用，加之春季冰雪融水及夏季降水的流水作用，使高原沙化过程具有更为脆弱的生态属性。

环境压力：根据西藏自然因素与人为因素的可能变化趋势及其反馈关系，随着全球气候温暖化，沙化自然过程将继续存在。与此同时，随人口增长，对沙化过程的影响会增加。在日益加剧的沙化自然过程与逐渐增强的沙化人为过程相互作用、相互激发下，本区土地沙化过程可能会加强，并进一步导致沙化土地面积的扩大。

(4) 生物多样性维护型区域

空间分布：生物多样性维护区集中连片分布在羌塘高原中部地区日土县、革吉县、改则县、尼玛县、双湖县、班戈县；藏南中喜马拉雅山北翼亚东县、洛扎县、措美县；藏东南热带雨林季雨林分布的错那县、隆子县、墨脱县、察隅县；昌都市类乌齐县等地。

区域特征：生物多样性维护区为物种丰富度较高、生态系统较为稳定、植被覆盖度较高的地区。藏东南地区保存有面积较大的森林植被，物种多样性极其丰富；藏北羌塘高原地区临近国家级羌塘自然保护区，国家级野生动物繁多。

环境压力：区内压力主要来自交通水利建设、不合理的土地利用、过度放牧和过度矿产开采导致的动植物生境破坏以及过度利用生物资源、外来物种入侵。区外压力主要来自全球气候变化、过度的人类活动和区内外污染物的迁移。具体表现为矿山开发等活动造成天然植被面积减少，生态系统种类单一和结构简单化，物种数量减少；雨季局部区域山洪、泥石流、滑坡等灾害多发；旅游业发展影响生物生活环境及生活习惯；区外城镇化污染物、工业污染物、散布于周边的矿区污染物通过大气、水体传递到区内，影响区内环境质量等。

6.1.3 食物环境安全保障区

食物环境安全保障区是西藏全区主要农牧产品产地，服务于保障主要食物产区的环境安全，防控食物产品对人群健康的风险。该区总面积155 089 km^2，占自治区国土面积的12.9%，分为农产品环境安全保障区和畜牧产品环境安全保障区2个亚区（图6－4)。

(1) Ⅲ－1农产品环境安全保障区

空间分布：农产品环境安全保障区主要分布在雅鲁藏布江中游昂仁县、谢通门县、拉孜县、萨迦县、南木林县、尼木县、仁布县、乃东区、曲松县、加查县、朗

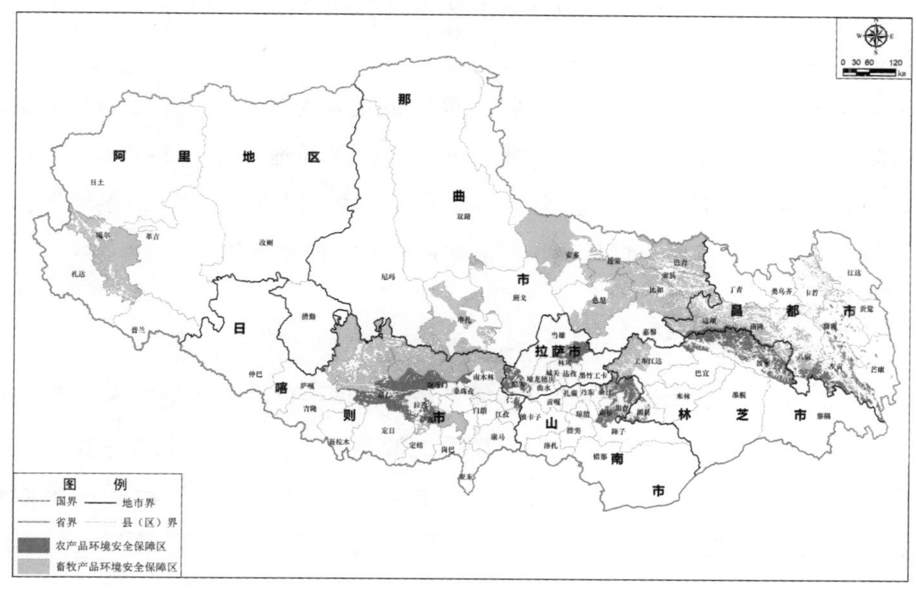

图 6－4　西藏自治区食物环境安全保障区分布图

县、林周县；藏东地区波密县、左贡县、芒康县、察雅县等河谷地带，总面积 34 307 km^2，约占全区国土面积的 2.9%。

区域特征：该区耕地分布零星，面积较少，多分布于海拔 4 200 m 以下热量和水分条件较好的地方，分布上限呈现出由东南部暖热湿润气候区向西部半干旱区逐渐升高的趋势。适宜种植业利用的耕地后备资源面积最少，大多集中分布在少数几条大河谷地之中，绝大部分属于质量低劣的五等或六等地，受灌溉条件差或土壤贫瘠等不利因素的强烈限制，垦殖难度大，不仅农作物产量低，且常有被侵蚀或沙化的现象发生。

环境压力：主要来自于区域城镇化发展的压力，河谷地带城镇建设用地逐步蚕食优质农田的现象时有发生。局部地区受人口集聚影响，大量生活垃圾不能及时转运处置，影响区域土壤环境。

（2）Ⅲ－2 畜牧产品环境安全保障区

空间分布：畜牧产品环境安全保障区主要分布在狮泉河中下游噶尔县；南羌塘申扎县、昂仁县、谢通门县、南木林县；藏南地区萨迦县；藏东地区工布江达县、边坝县、洛隆县、八宿县、卡若区；藏北地区安多县、聂荣县、色尼区、索县、巴青县、比如县等地优质草地集中区，总面积 120 782 km^2，约占全区国土面积的 10.0%。

区域特征：从事畜牧养殖多为一家一户的“散户”，生产规模小，经营粗放。藏西北、羌塘高原南部、藏东北、雅鲁藏布江中上游、尼洋河中下游等地区天然草原丰富，是全区畜牧业发展的适宜地区。该区畜牧养殖总体呈现传统、粗放的养殖方式，规模化养殖水平低。

环境压力：该区草原分布区域鼠害严重，而大多数藏区百姓拒绝药物灭鼠，草原鼠害防治工作难见成效，致使草原生态破坏，局部地区草地植被覆盖率下降。另外，随着城镇化的推进，城乡生活污水、生活垃圾排放量增加，而偏远地区环境基础设施缺乏，导致草原土壤环境、河流水质受到不同程度影响。

6.1.4 聚居环境维护区

聚居环境维护区是自治区环境承载能力最强、城镇化和工业化快速发展的地区，承载了全区大部分的人口和经济总量，资源能源消耗高，污染物产生量大，服务于保障人口集聚地区的环境健康。该区总面积 43 785 km²，占自治区国土面积的 3.6%，分为环境优化区、环境治理区和环境风险防范区 3 个亚区（图 6－5）。

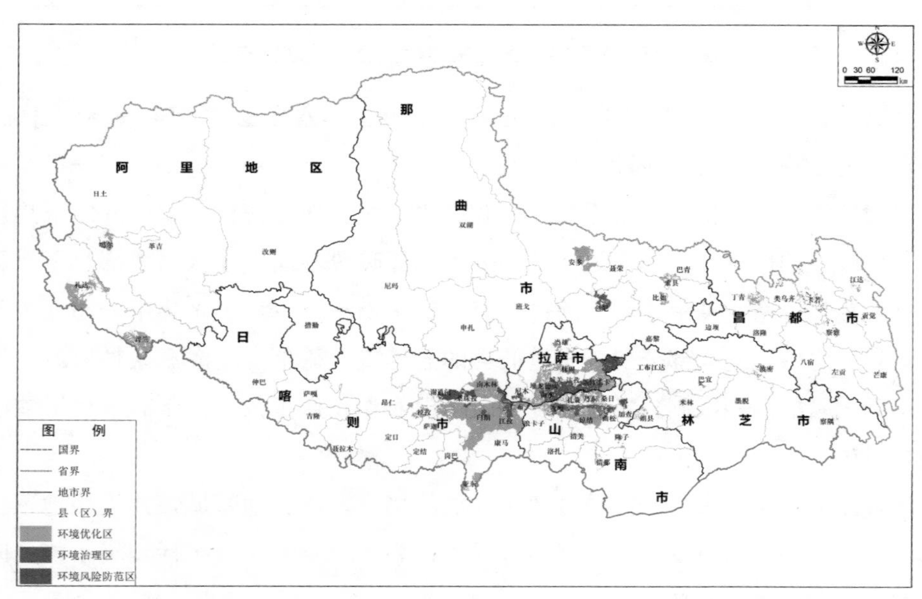

图 6－5　西藏自治区聚居环境维护区分布图

（1）Ⅳ－1 环境优化区

空间分布：环境优化区主要分布在人口密度相对较高的噶尔县、札达县、普兰县、吉隆县、聂拉木县、亚东县、拉孜县、萨迦县、桑珠孜区、南木林县、白朗县、江孜县、仁布县、曲水县、堆龙德庆区、林周县、墨竹工卡县、贡嘎县、扎囊县、琼结县、乃东区、错那县、隆子县、朗县、巴宜区、波密县、察隅县、安多县、比如县、索县、巴青县、丁青县、卡若区、江达县、贡觉县、芒康县等县城区或重点

镇，总面积33 277km²，约占全区国土面积的2.8%。

区域特征：该区是城镇化建设的重点地区，区域人口密度大、人口聚集度较高。区域环境容量接近饱和，空气、地表水等环境质量良好，环境优美，适宜人居。

环境压力：区域城镇化发展带来的人口逐步增多，生活污水、生活垃圾排放量持续增加，而该区环境基础设施还不够完备，导致局部地区废水、废物不能及时处理处置，影响区域水环境和生态环境。

（2）Ⅳ—2环境治理区

空间分布：环境治理区主要分布在拉萨国家级经济技术开发区、达孜工业园区、曲水雅江工业园区、堆龙工业园区、山南建材工业园区、日喀则仁布佳木斯工业园区、那曲物流中心工业加工区、林芝生物科技产业园、日喀则工业园（民族手工业园）、扎囊民族手工业园、白朗农副产品加工区等园区布局区，涉及拉萨市城关区、推龙德庆区、曲水县、达孜区、桑珠孜区、白朗县、仁布县、贡嘎县、扎囊县、乃东区、桑日县、巴宜区、色尼区等，总面积5 157 km²，约占全区国土面积的0.4%。

区域特征：该区是未来产业发展的重点地区，区域人均GDP和经济发展水平相对较高。污染源数量较多，单位面积排放强度较大，局部地区环境质量相对较差。

环境压力：该区部分生产企业废水、废气、废渣产生量大，厂区“三废”处理设施不齐全、处理效果欠佳，对周边地区水环境、大气环境、土壤环境和生态环境可能产生一定影响。

（3）Ⅳ—3环境风险防范区

空间分布：环境风险防范区主要分布在矿产资源、水能资源重点开发地区周边的重点集镇，涉及谢通门县、南木林县、尼木县、达孜县、墨竹工卡县、曲松县、加查县、卡若区、类乌齐县、察雅县等部分县城或重点镇，总面积5 351 km²，约占全区国土面积的0.4%。

区域特征：区域人口密度大、人口聚集度较高，区域环境保护基础设施有限，污染物排放控制能力弱，容易发生重大环境污染、生态破坏事件，可能影响人民群众饮用水安全、生态环境安全。随着资源开发进程的推进，区域环境风险高。

环境压力：该区城镇化发展带来的生活污水、生活垃圾与周边资源开发带来的污染物在空间上重叠，加剧区域生态环境压力。而该区城镇环境基础设施建设欠缺，局部地区污染物得不到妥善处理，累积环境影响逐步显现，环境风险防控有待加强。

6.1.5　资源开发环境引导区

资源开发环境引导区是全区矿产资源、水能资源集中连片开发地区，服务于保障资源开发区域生态环境。该区总面积 7 620 km²，占自治区国土面积的 0.7%，分为矿产资源开发引导区和水能资源开发引导区 2 个亚区（图 6－6）。

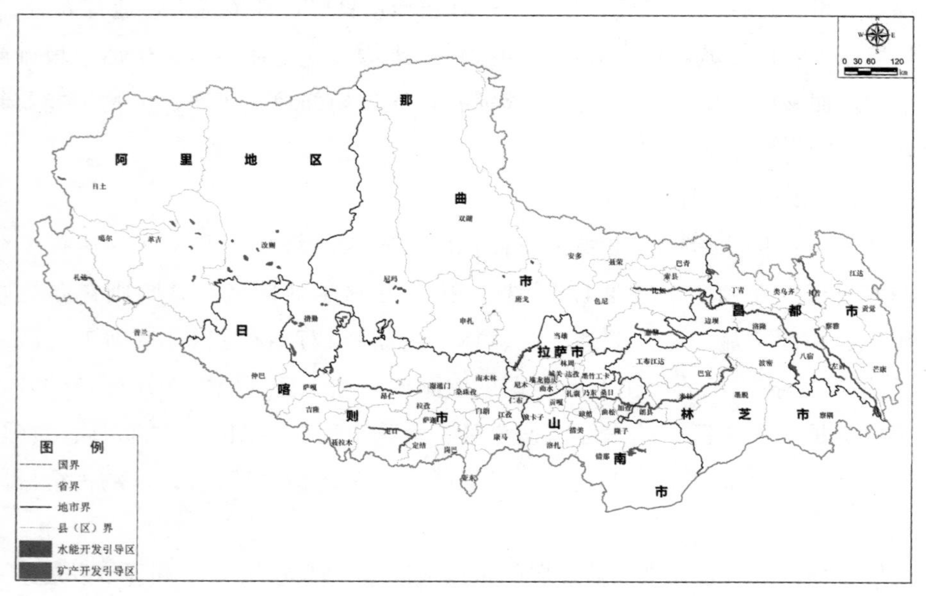

图 6－6　西藏自治区资源开发环境引导区分布图

（1）Ⅴ－1 矿产资源开发引导区

空间分布：矿产资源开发引导区主要是指区内的铁矿、铅锌矿、铜矿、铬铁矿、金矿、锑矿等矿产资源重点开采区。

区域特征：该区是矿产资源富集的地区，以山区为主，散布于全区各县，单个区域面积较小。未来全区面积相对较大的矿产资源重点开发区域集中在墨竹工卡县、谢通门县、卡若区、类乌齐县、江达县等地。

环境压力：区内矿产资源的开发过于粗放，导致开采区植被减少，土地裸露，景观被破坏，区域水土保持和水源涵养能力退化。矿山环境恢复治理率低，局部地区水源、大气、土地受严重污染，地面塌陷、山体开裂、崩塌、滑坡、泥石流、尾矿库溃坝等地质灾害时有发生。

（2）Ⅴ－2 水能资源开发引导区

空间分布：水能资源开发区主要是指雅鲁藏布江、怒江、澜沧江、金沙江等水电开发强度大、水电站建设密集的河段。

区域特征：该区水能资源丰富，有大量的地表水系和水库，区域水能资源开发包括雅鲁藏布江干流及支流（拉萨河、尼洋河、易贡藏布）、澜沧江上游、羊卓雍错湖等。

环境压力：水电发展对当地陆生和水生生态环境和生物多样性造成压力，大坝

蓄水改变水资源时空分布，影响下游生态水位，导致河床干涸、局部地区断流，阻断了鱼类洄游河道，对水土保持造成不利影响。

6.2　分区管控导则

6.2.1　总体要求

西藏自治区要加强生态环境保护，联防联控环境污染，建立一体化的环境准入和退出机制，构建区域生态环境监测网络；强化大气污染治理，确定大气环境质量底线，协同推进碳排放控制，加快推进低碳城镇化；实施清洁水行动，开展饮用水水源地保护，推进土壤与地下水治理和农村环境改善工程；优化生态安全格局，划定生态保护红线，明确生态廊道，建设高原生态防护区等。加强山地水源涵养和饮用水水源地保护，加快矿山生态修复及综合管制，加强雅鲁藏布江等流域污染防治，强化城市煤烟型空气污染管治。划定地下水禁采区和限采区并实施严格保护，强化工业颗粒物和粉尘管治。巩固退耕还林、退牧还草成果，保持林草覆盖率不降低，维持片状生态网络。健全区域大气污染联防联控机制，改善区域大气环境质量，推进二氧化硫、氮氧化物、颗粒物和挥发性有机物等多种污染物协同减排，强化区域大气污染联防联控；加强江河治理和水生态保护的基础设施建设，重点建设城镇污水和垃圾处理系统，因地制宜探索合理有效的农村污水垃圾处理方式；加强饮用水水源地保护和农业面源污染防治，重点防治畜禽、水产养殖污染。

切实落实环境分区管治。在科学识别环境治理目标后，就要合理确定治理内容。环境分区治理是综合性的，在考虑环境问题的同时还要考虑经济社会发展状况，协调经济发展、社会发展和环境保护之间的关系，促进区域协调发展。其性质应是促进发展的分区，不再是传统的“环境保护与经济发展相适应”的行政分区治理，而是“经济发展要和环境保护相适应”的环境分区治理。

对自然生态保留区，严格控制人为因素对自然生态和文化自然遗产原真性、完整性的干扰，严禁不符合环境功能定位的各类开发活动。严格控制人口数量，逐步引导人口转移至环保基础设施较完备的区域。建设和维护生态廊道，增强保护地间的连通性，完善保护地建设管理的体制机制。严格执行饮用水源保护制度，开展饮用水水源地环境风险排查，加强环境应急管理，推进饮用水水源一级保护区内的土地依法征收，依法取缔饮用水水源保护区内排污企业和排污口。严控各类开发建设活动。不得新建工业企业和矿产开发企业，2020 年年底前迁出或关闭排放污染物以及有可能对环境安全造成隐患的现有各类企业事业单位和其他生产经营者，并加强相关企业迁出前的环境管理以及迁出后企业原址的风险评估。禁止新建铁路、公路和其他基础设施穿越自然保护区和风景名胜区核心区和缓冲区，尽量避免穿越实验区。严格控制风景名胜区、森林公园、湿地公园内人工景观建设。除文化自然遗产保护、森林草原防火、应急救援外，禁止在自然保护区核心区和缓冲区进行包括旅游、种植和野生动植物繁育在内的开发活动。环境影响评价必须科学预测其对敏感物种和敏感、脆弱生态系统的影响，并以不影响敏感物种生存、繁衍及生态系统的科学文化价值为目标，提出保护和恢复方案。制定和落实生态补偿制度和专项财政转移支付制度，使保护者得到补偿与激励；着力实施重大生态保护工程建设，加强环境公共服务设施建设。探索编制自然资源资产负债表，将生态保护工作纳入地方政府的绩效考核，取消 GDP 考核，对领导干部实行自然资源资产离任审计，建立生态环境损害责任终身追究制。

对生态功能保育区，限制进行大规模高强度工业化城镇化开发。按照生态优先、适度发展的原则，着力推进生态保育，增强区域生态服务功能和生态系统的抗干扰能力，夯实生态屏障，坚决遏制生态系统退化的趋势。保持并提高区域的水源涵养、水土保持、防风固沙、生物多样性维护等生态调节功能，保障区域生态系统的完整性和稳定性，土壤环境维持自然本底水平。严守区域内生态保护红线，确保生态功能不降低、面积不减少、性质不改变。对各类开发活动进行严格管制，尽可能减少对自然生态系统的干扰，实行更严格的产业准入标准，根据不同区域主要生态功能出台产业发展负面清单，对不符合环境功能定位的现有产业逐步实施搬迁或关闭；在不损害生态系统功能的前提下，因地制宜地适度发展旅游、农林牧产品生产和加工、观光休闲农业等产业，积极发展服务业。控制新增公路、铁路等公共基础设施的建设规模，必须新建的，应事先规划好动物迁徙通道。在现有城镇布局基础上进一步集约开发，引导一部分人口向资源环境承载能力相对较强的县城和中心镇转移。在条件适宜的地区推广清洁能源和污水垃圾处理设施。持续推进自然保护区建设、生态公益林保护、草原生态保护、荒漠化治理等生态建设与生态修复重大工程，保护生物多样性。完善生态环境监测体系，实施生态环境质量监测、评价和考核。在生态系统服务功能十分重要的区域优先建立天地一体化的生态环境监管机制。弱化 GDP 在绩效考核中的地位，加强区域生态功能、可持续发展能力的评估与考核。

对食物环境安全保障区，限制进行大规模高强度工业化城镇化开发，按照保障基本、安全发展的原则，优先保护耕地土壤环境，保障农产品主产区的环境安全，改善农村人居环境。积极推进农业清洁生产，加强面源污染控制，研究出台有利于有机肥生产、使用的优惠政策，推广减肥减药农业生产技术，建立健全农药废弃包

装物回收处理体系、废旧地膜回收加工网络。以规模化畜禽养殖为重点，对畜禽养殖废弃物实施综合治理，推广生产有机肥，持续推进污染减排及废弃物综合利用。继续推进草畜平衡实施，在管理、技术和监督等方面探索更有效的方式方法。严格限制污染型企业进入农产品主产区，严禁有损自然生态系统的开荒以及侵占水面、湿地、林地、草地的农业开发活动。

对聚居环境维护区，按照强化管治、集约发展的原则，加强环境管理与管治，大幅降低污染物排放强度，改善环境质量。合理集约规划城市发展，促进形成有利于污染控制和降低居民健康风险的城市空间格局。保护对区域生态系统服务功能极重要的基础生态用地，将区域开敞空间与城市绿地系统有机结合起来，加强生态用地的连通性。加强工业污染与城镇生活污染防控，强化工业与城镇污水、垃圾收集与处理设施建设，加强环境管理和监督力度，提高各类治污设施的效率，强化对企业污染物稳定达标排放的监管。对于环境污染问题突出或者居民反映强烈的高环境健康风险的区域开展环境与健康调查，采取有效措施降低环境健康损害风险，确保不发生大规模环境污染损害健康的事件。

对资源开发环境引导区，加强特征污染物控制，合理安排资源开发强度，避免资源开发对生态环境造成破坏。严控有色金属产业项目审批，积极推动矿产资源开发的保证金制度以及其他资源开发的生态补偿金制度。要重视饮用水安全及水污染产生的环境健康问题和矿产资源开发带来的人群健康风险问题。加强流域水土流失和水污染防治，加强石漠化治理、高原湖泊保护，保护和增强生态系统多样性及适应气候变化能力，优化并合理布局水电开发。加大力度解决矿山生态修复以及草原沙化修复等历史遗留问题。

6.2.2　自然生态保留区

自然生态保留区，应坚持“依法管理、强制保护”。该区是全区珍稀、濒危野生动植物物种的天然集中分布区域，汇集了西藏各种有代表性的自然生态系统和自然遗迹，具有极其重大的科学文化价值，是全区保护自然文化资源的重要区域、珍稀动植物基因资源保护地，应严格按照现行法律法规进行保护。除此之外，应进一步制定严格的环境管理措施，实施生态补偿等政策机制。

6.2.2.1　自然文化资源保留区

(1) 功能定位

该区主导环境功能为维护自然文化资源保留区的生态环境，维护区内基本生态功能，如生物多样性保护、水源涵养、水土保持、珍稀动植物物种的自然繁衍等。

（2）环境功能目标

强制保护具有特定自然资源价值的区域，保障自然生态系统原真性和可持续发展空间，保留自然环境背景状态。确保区域内水体、大气、土壤、噪声等环境要素基本保持本底值，核与辐射不超过本底值，维护生态系统结构和功能的完整，基本保持区域内原生态或近原生态。

该区执行的环境质量目标：区域内自然保护区的地表水执行《地表水环境质量标准》Ⅰ类标准；空气环境执行《环境空气质量标准》一级标准；噪声环境执行《声环境质量标准》中0类声环境功能区要求；生态环境维持原生态、近原生态本底值；核与辐射不超过本底值。

（3）管控措施

——要依据法律法规、相关规定和有关规划实施强制性保护，执行最严格的生态环境保护措施，坚持保护优先、自然恢复为主的方针。严格控制人为因素对自然生态、自然遗产原真性、完整性的干扰。

——不得分配污染物排放总量。严禁开展不符合环境功能定位的各类开发活动，引导人口逐步有序转移，实现污染物“零排放”，提高生态环境质量。按照强制保护原则设置产业准入环境标准，严禁不符合相关法规和区划要求的建设开发活动，不得新建工业企业和矿产资源开发企业，现有污染物排放的企业限期迁出或关闭。

——严格限制基础设施建设。除文化自然遗产保护、森林草原防火、应急救援、关键交通道路等基础设施外，不得在自然文化资源保留区域开展大规模开发建设活动；严禁穿越自然保护区核心区，避免对重要自然景观和生态系统的分割。加强生态保护相关知识的培训和教育，提高保护区域各类基础能力建设水平。

——加强环境影响评价管理。环境影响评价文件必须科学预测其对敏感物种和敏感生态系统的影响、并以不影响敏感物种生存、繁衍及生态系统的科学文化价值为目标，提出保护和恢复方案。

——建立卫星遥感、无人机监测为主，地面监测为辅的天地一体化的生态环境监管体系。重点监测各类保护区主要保护对象的分布范围、数量、区域生态服务功能和潜在威胁因素，加强对区域生态旅游等活动的监管。

——严格控制人类活动的强度，加强对生态环境破坏的追责问责能力和水平。落实各类基础设施建设及旅游开发活动的生态环境保护要求，对由于人为因素导致

丧失保留价值的，依法追究有关人员责任。探索编制自然资源资产负债表，对领导干部实行自然资源资产离任审计。

——实施生态补偿政策和专项财政转移支付政策。拓宽保护区建设的资金渠道，加强环境基础公共服务设施建设，提高地方政府的公共服务能力。

——自然保护区依据《中华人民共和国自然保护区条例》、本规划确定的原则和自然保护区规划，按核心区、缓冲区和实验区进行分类管理。核心区严禁任何生产建设等人工活动；缓冲区除必要的科学实验活动外，严禁其他任何生产建设活动；实验区除必要的科学实验以及符合自然保护区规划的旅游等活动外，严禁其他生产建设活动。国家和自治区重点交通、通信、电网等基础设施建设，能避则避；必须穿越的，要符合自然保护区规划，且不得穿越核心区和缓冲区，并在环境影响评价文件中进行保护区影响专题评价。

——风景名胜区依据《风景名胜区条例》、本规划确定的原则以及风景名胜区规划进行管理。严格保护风景名胜区内的景观资源和自然环境，不得破坏或随意改变。区域内的居民和游览者应当保护风景名胜区的景观、水体、林草植被、野生动物和各种设施；严格控制人工景观及设施建设。建设旅游设施及其他基础设施等必须符合风景名胜区规划，逐步拆除违反规划建设的设施。在国家级风景名胜区内修建缆车、索道等重大建设工程时，项目的选址方案应当报国务院建设主管部门核准，并在环境影响评价文件中强化对风景名胜区影响的相关内容。在风景名胜区开展旅游活动，必须根据资源状况和环境容量进行，不得对景观、水体、植被及其他野生动植物资源等造成损害。

——森林公园依据《中华人民共和国森林法》《中华人民共和国森林法实施条例》《中华人民共和国野生植物保护条例》《森林公园管理办法》以及本规划确定的原则进行管理。除必要的保护设施和附属设施外，禁止从事与资源保护无关的任何生产建设活动。在森林公园内以及可能对森林公园造成影响的周边地区，禁止进行采石、取土、开矿、放牧以及非抚育和更新性采伐等活动。建设旅游设施及其他基础设施等必须符合森林公园规划，逐步拆除违反规划建设的设施。根据资源状况和环境容量对旅游规模进行有效控制，不得对森林及其他野生动植物资源等造成损害。不得随意占用、征用和转让林地。

——地质公园依据《世界地质公园网络工作指南》《关于加强世界地质公园和国家地质公园建设与管理工作的通知》（国土资环函〔2007〕68 号）和本规划确定的原则进行管理。除必要的保护设施和附属设施外，禁止其他生产建设活动。建设项目应符合公园总体规划。在地质公园及可能对地质公园造成影响的周边地区，禁止进行采石、取土、开矿、放牧、砍伐以及其他对保护对象有损害的活动。未经管理机构批准，不得在地质公园范围内采集标本和化石。

——湿地公园严格落实《国家湿地公园管理办法》，保障湿地生态用水，禁止擅自占用、征用国家湿地公园的土地。在湿地公园及可能对湿地公园造成影响的周边地区，禁止开（围）垦湿地、开矿、采石、取土、采伐林木、猎捕野生动物、生产性放牧及从事任何不符合主导功能定位的建设项目和开发活动。

6.2.2.2 饮用水水源保护区

（1）功能定位

该区主导环境功能为维护饮用水水源保护区的水源供给能力和水源地水质安全。

（2）环境功能目标

强制保护关系人民生活健康的饮用水水源区域，确保水质不受污染，尤其要保障集中式饮用水水源地水质环境安全，各地区集中式饮用水水源地水质保护达标率保持在100%。

该区执行的环境质量目标：集中式生活饮用水地表水源地一级保护区执行《地表水环境质量标准》Ⅱ类标准及补充和特定项目要求，集中式生活饮用水地表水源地二级保护区执行《地表水环境质量标准》Ⅲ类标准及补充和特定项目要求，地下水型饮用水源地的地下水执行《地下水质量标准》Ⅲ类及以上标准。

（3）管控措施

——饮用水水源保护区内禁止设置排污口。一级保护区内禁止新建、改建、扩建与供水设施和保护水源无关的建设项目；已建成的与供水设施和保护水源无关的建设项目，由县级以上人民政府责令拆除或者关闭；禁止从事网箱养殖、旅游、游泳、垂钓或者其他可能污染饮用水水体的活动。二级保护区内禁止新建、改建、扩建排放污染物的建设项目；已建成的排放污染物的建设项目，由县级以上人民政府责令拆除或者关闭；从事网箱养殖、旅游等活动的，应当按照规定采取措施，防止污染饮用水水体。准保护区内禁止新建、扩建对水体污染严重的建设项目；改建项目，不得增加排污量。

——污水禁止排入饮用水水源保护区中的地表水体。地表水饮用水水源保护区内禁止在与河道、湖泊、水库有水力联系的冲沟堆放或填埋各类影响水质的物质，禁止建设重金属等一类污染物的尾矿库。地下水饮用水水源保护区及周边区域禁止污灌、埋藏废弃物、矿井注入等影响地下水水质的活动。

——开展饮用水水源地环境风险排查，依法取缔饮用水水源保护区内的非法排污企业和排污口，构建完善饮用水源突发环境污染事件应急机制，逐步建立完善县级以上集中式饮用水备用水源。

6.2.3　生态功能保育区

生态功能保育区，应坚持“生态优先、适度发展”。该区是重要的生态安全屏障，是关键性的水源涵养、水土保持、防风固沙、生物多样性维护区域，生态地位极其重要。极重要敏感区按照生态保护红线相关要求进行管理，一般重要敏感区按照主导的生态功能类型进行管理。

6.2.3.1　水源涵养类型区

（1）功能定位

该区主导环境功能为水源供给、水源调节、水源涵养、生物多样性维持。

（2）环境功能目标

保护冰川、永久积雪、河流等源头水，确保水质不降低，水量不减少，主要河流径流量基本稳定并满足生态用水需求；保护具有水源涵养功能的森林、草原、湿地等绿色生态空间，确保面积不减少，质量不降低，维护区域水源涵养生态调节功能稳定发挥；保护生物多样性，确保珍稀野生动植物种群数量不减少以及生境不受破坏。

该区执行的环境质量目标：区域内地表水均执行《地表水环境质量标准》Ⅱ类标准；空气环境执行《环境空气质量标准》一级标准；水源涵养能力不退化；噪声不超过本底值；核与辐射不超过本底值。

（3）管控措施

——环境污染排放总量需大规模削减，要求区域内严格控制污染排放，通过行业准入标准限制重污染行业进入；维持自身水源涵养的生态服务功能不退化；预防环境风险，防治水源涵养区生态破坏；生态保护需以区域水源涵养、林草保护为主。

——禁止生活污水和生产废水以各种形式排入或渗入地表水体。禁止倾倒、填埋和焚烧生活垃圾、危险废物。

——禁止非保护性天然林采伐、采挖药材、捕猎野生动物、破坏珍稀物种和野果林及其生境、林下打草作业、超载过牧、人为清除不适口草、林地内设置取料场及弃渣场、侵占湿地等行为。

——强化实施退牧还草和生态修复政策。根据草场退化情况适时实施草场划区休牧、阶段性禁牧和季节性轮牧，恢复森林、草原水源涵养能力。实施河流、湖泊、湿地生态修复，恢复水生生态功能。

——现有矿山实施边开采边恢复。实施旅游区、道路、砂石场、历史遗留矿山、水电等项目区的生态修复，恢复生态功能。

——实施生态补偿政策，区域内对生态保护做贡献的水源涵养区居民实施直接生态补偿，限制人口聚居规模，转移过剩或新增人口在周边定居。

——严格规范矿山开采、旅游开发、水利水电、交通道路等开发建设，在建设中不得改变工程占地以外地表、植被，不得堵塞冲沟，不得向冲沟排放废水，不得引发地面塌陷、滑坡、泥石流等地质灾害。道路等交通设施建设不得改变地表径流。水资源和水能资源开发利用不得影响下游用水和水生生态系统健康，不得阻断洄游性鱼类的洄游通道，不得影响区域水源涵养功能。

——在不影响区域水源涵养生态功能的前提下，适当合理开发旅游、矿产和水能等资源，适当合理发展农林牧产品生产和加工、观光休闲农业，但需严格控制开发强度，禁止过度开发。

6.2.3.2 土壤保持类型区

（1）功能定位

该区主导环境功能为土壤保持、水资源供给、生物多样性保护。

（2）环境功能目标

保护原有植被，确保植被覆盖不降低，维护区域内水土保持能力；保护水资源，确保水质不降低，水量不减少；保护区域内珍稀野生动植物，确保物种数量不减少，生境不受破坏。

该区执行的环境质量目标：区域内地表水执行《地表水环境质量标准》Ⅱ类标准；空气环境执行《环境空气质量标准》二级标准；风力侵蚀强度小于中度；噪声不超过本底值；核与辐射不超过本底值。

（3）管控措施

——维护区域水土保持生态服务功能不退化。防范水土流失风险，防治水土保持区生态破坏。建立并加强区域生态功能评估与考核体系，并将结果定期向社会公布。

——禁止在区域内过度放牧、过度采矿、过度开采砂石、乱砍滥伐；禁止占用林地、湿地等不合理土地利用行为；禁止过度捕猎区域内野生动物。

——通过封山育林、退耕还林还草、小流域治理、生态乡镇村建设、改变耕作

方式等措施，恢复自然植被，提高生态系统的水源涵养及水土保持能力。

——实施矿山开采、旅游开发、水利水电、道路建设等项目的生态修复和治理，实施区域内河流、湖泊、湿地等生态系统的修复和治理，恢复水土保持的生态功能。

——从严控制排污许可证的发放，严格控制污染物排放总量。将排污许可证允许的排放量作为污染物排放总量控制的管理依据，实现污染物排放总量的持续下降。禁止生产、生活垃圾在区域内倾倒、填埋和焚烧，禁止倾倒、填埋危险废物。禁止区域生活污水和工业废水未经处理直接排入或渗入地表水体。

——严禁不符合主导环境功能定位的项目进入。规划以及建设项目环境影响评价等文件，要设立区域土壤保持功能评估专门章节，并提出可行且有针对性的预防措施。

——实施生态补偿政策，区域内对生态保护做贡献的水土保持区居民实施直接生态补偿，限制人口聚居规模，转移过剩或新增人口在周边定居。

6.2.3.3　防风固沙类型区

（1）功能定位

该区主导环境功能为防风固沙、植被维护与沙化控制。

（2）环境功能目标

保护具有重要防风固沙功能的草地、灌丛等天然植被，确保面积不减少，盖度不降低；保护荒漠植被，确保植被覆盖度不降低；保护主要内陆河流，确保不断流并满足生态用水需求，水质不降低；保护珍稀野生动物，确保珍稀野生动植物种群数量不减少以及生境不受破坏。

该区执行的环境质量目标：地表水域执行《地表水环境质量标准》Ⅲ～Ⅳ类标准。空气环境（除 TSP、PM_{10}外）执行《环境空气质量标准》二级标准，TSP、PM_{10}浓度有所降低。

（3）管控措施

——大力控制沙化，种植固沙植物，固定沙丘，防止沙化危害公路、民居，对于生态系统极其脆弱区建议采取生态移民措施，减少人类活动对生态系统的扰动。

——加快沙化、退化草地的综合治理，遏制沙化土地扩张，采用草方格、种草种树和蓄水的方法，尽快恢复沙化土地的植被和生态。采用种草种树的方法要注意因地制宜，为防止牲畜采食，除实施围栏隔离外，还可选择栽种适口性差的植物，以达到防沙固沙、防止侵害周围草场的目的，严禁在沙化治理区放牧。

——按照草畜平衡、以草定畜原则，严格控制荒漠草场载畜量。根据草场退化情况适时实施荒漠草场退牧还草，实施划区休牧、阶段性禁牧和季节性轮牧。重视有灌溉条件的人工高质量草场的建设，缓解冷季缺草的矛盾。对严重退化草地和草地生态系统十分脆弱的地区，让草地生态系统尽快得到恢复与发展。

——禁止开垦和占用湿地、毁林毁草开荒、樵采、采挖药材、车辆乱压、乱取沙土、乱弃建筑废弃物和各种垃圾等；禁止在草场严重退化区域放牧，重点防风固沙区内禁止露天采矿。

——合理控制大气、水污染物排放总量，矿产资源开发采用资源利用率高、污染物排放量少的生产设备和工艺，实施“三废”的污染防治和综合利用，减少废水排放量。加强对生产环节和矸石、废弃泥浆等固体废物及其贮存设施的监督管理，防止环境污染事故发生。

——矿山开采业要加强管理，做到谁破坏谁恢复，做到经济发展与保护环境相协调。严格控制矿产资源开发建设活动的施工范围，不得扰动或破坏工程区外地表状态。提高区域水资源有效利用率，提高生态用水比例，对矿区塌陷地和地表破坏严重的区域实施生态修复。

——实施矿产资源开发整合，提高新建项目最低开采规模标准和采选技术准入条件，引导资源向大型、特大型现代化矿区企业集中，促进形成集约、高效、协调的开发格局。

——按照国内先进水平，逐步提高产业准入环境门槛，严格规范矿产资源开发建设、交通道路及水利工程建设，不得扰动或破坏工程区以外地表和植被，不得对地表水、地下水产生阻隔影响、改变天然径流状态，不得破坏珍稀野生动物重要栖息地及阻隔野生动物迁徙。

6.2.3.4 生物多样性维护类型区

（1）功能定位

该区主导环境功能为生物多样性保护、水源涵养。

（2）环境功能目标

保护森林、生态林植被，确保面积不减少，维持生态系统稳定性，确保珍稀野生动植物种群数量不减少、生境不受破坏。保护河流、水库的源头、流域及周边区域，确保水体水质不受污染；保护区域内外环境质量，维持地表、大气清洁，为珍稀动物提供良好生存环境。

该区执行的环境质量目标：区域内地表水执行《地表水环境质量标准》Ⅱ类标准；空气环境执行《环境空气质量标准》一级标准；生物多样性指数不降低；噪声

不超过本底值；核与辐射不超过本底值。

（3）管控措施

——加强生态保护，维护其生物多样性保护为主的生态调节功能。维持自身生物多样性生态服务功能不退化，防范生物多样性丧失风险，生态保护与建设需以区域生境保护为主。

——严格禁止或控制威胁生物多样性的开发活动，禁止开展破坏生物多样性的经济与社会活动，基本消除人类活动对生物多样性的干扰和威胁。严格控制区内生物资源的利用方式和数量，避免人类对濒危生物的直接获取，减缓人类与野生动植物对生物资源利用的冲突，有效控制牧业对生物资源的破坏。

——禁止进行对生物多样性有影响的经济开发。禁止非保护性天然林砍伐、捕猎野生动物、非法围垦林地、破坏野生动植物生境、林地草场过度放牧、林下打草；禁止在区域内设置弃渣场，禁止在重要水系过度建设水力发电工程，以减轻人类活动对生态环境的压力和人为干扰。

——禁止非法、盲目引入外来物种，严格控制转基因物种环境释放活动。逐步建立外来物种监测信息网，制定外来入侵物种环境应急方案和生物物种环境安全应急预测预警体系，有效防止有害物种入侵。综合运用化学药物、人工铲除、生物防治等相结合的防治措施，对危害严重的外来物种逐步实施有效的生态防治措施。

——禁止生产生活废水以各种形式未经处理直接排入或渗入地表水体。禁止在水生生物重要繁衍、生存水段设置污水排放口及渗坑。禁止在野生动植物生境内倾倒、填埋和焚烧生活垃圾、危险废物。严禁不符合主导环境功能定位的项目进入生物多样性保护区，禁止在野生动植物生境内开展可能会带来辐射、热污染、噪声等其他污染源的工程项目。

——逐步建立完善野生生物种质资源库，构建以种质资源库为核心的收集、保护、共享及利用的协作网络和科研平台。对受人为破坏严重的动植物生境进行修复，将破碎化的生境通过人工林地等手段打通物种交流渠道。

——产业环保准入标准中废水排放标准需执行行业污染物排放标准中的特别排放限值和基准排水量，废气排放标准需执行行业污染物排放标准中的特别排放限值，同时各行业需执行行业清洁生产一级水平。准许进入产业需满足不破坏区域生物多样性维持功能的要求。严禁不符合主导环境功能定位的项目进入生物多样性维护区。

——规划以及建设项目环境影响评价等文件，要设立区域生物多样性保护功能评估专门章节，并提出可行且有针对性的预防措施，例如建设跨越道路的生物通道、在水电站切断河流处修建鱼类洄游通道等。

——实施生态补偿政策，区域内对生态保护做贡献的生物多样性维护区居民实施直接生态补偿，限制人口聚居规模，转移过剩或新增人口在周边其他功能区定居。减缓人类与野生动植物对生物资源利用的冲突，实现野生动植物资源的良性循环与永续利用。

6.2.4 食物环境安全保障区

食物环境安全保障区，应坚持“保障基本、安全发展”。该区是西藏全区主要农产品生产地、牧产品产地，要优先保护耕地和草地土壤环境，预防产地环境中的有害物质通过生物富集进入食物产品危害人群健康，保障安全发展。

6.2.4.1 农产品环境安全保障区

（1）功能定位

该区主导环境功能为维护种植业（青稞、小麦、油菜等）生产环境安全。

（2）环境功能目标

保护基本农田和一般耕地，确保基本农田保有量不减少，提高耕地质量和粮食产量；保障区域内土壤、水、空气等的环境安全，确保环境质量不降低，以维护重要农产品产地环境功能的稳定发挥，保障食品安全。

该区执行的环境质量目标：灌溉用水水质达到《地表水环境质量标准》Ⅲ类标准，并满足《农田灌溉水质标准》，严格控制重金属类污染物和有毒物质；地下水达到《地下水质量标准》Ⅲ类标准；空气质量执行《环境空气质量标准》二级标准，并执行《保护农作物的大气污染物最高允许浓度》；重点粮食蔬菜产地执行《食用农产品产地环境质量评价标准》和《温室蔬菜产地环境质量评价标准》要求，其他农田土壤执行《土壤环境质量　农用地土壤污染风险管控标准试行》中风险筛选值要求。维持农田生态系统健康；声环境维持本底值；核与辐射不超过本底值。

（3）管控措施

——优先保护耕地土壤环境，严控重金属类污染物和挥发性有机污染物等有毒物质排放，预防产地环境中的有害物质通过生物富集进入食物产品，危害人群健康。

——严格执行《基本农田保护条例》，除国家能源、交通、水利、军事设施等重点工程选址确实无法避开基本农田保护区，需要占用基本农田，涉及农用地转用或者征用土地，并经国务院批准建设的项目外，其他非农建设不得占用基本农田。加

强农田水利工程建设，增强耕地抵御自然灾害的能力。

——限制污染物排放总量，增加重金属、POPs等污染物排放总量控制指标。将排污许可证允许的排放量作为污染物排放总量控制与管理的依据。加强土壤污染治理与修复，以基本农田为主体，划定土壤环境保护优先区域，建立并实行严格的土壤环境保护制度，确保基本农田环境质量安全。

——强化土壤污染风险控制，实施农田土壤治理，消除环境安全隐患，确保土壤环境安全。规划环评和项目环评中，要强化土壤环境影响评价的内容。建立农业主产区环境质量监测网络，完善农产品产地环境质量评价标准体系，建立土壤环境质量定期监测和信息发布制度。

——全面防治各类面源污染，积极推进农业清洁生产，提高化肥、农药、农膜和水资源利用率，建立健全农药废弃包装物回收处理体系、废旧地膜回收加工网络。实施农村环境综合整治，改善农村生活环境质量，加强农村环保基础设施建设，使垃圾、污水得到有效处置。

——优化农业生产力布局和品种结构，推进农业产业化经营。积极推进农业规模化、标准化、产业化，支持农产品主产区发展农产品深加工和流通、储运设施，引导农产品加工、流通、储运企业向优势产区聚集。搞好农业布局规划，促进农业规模化产业化经营，根据不同的农业发展条件，科学确定不同区域农业发展重点，形成优势突出和特色鲜明的农产品产业带。

——加强农业基础设施建设。加强农田基础设施建设，发展节水灌溉、旱作农业，加快推进农业机械化，强化田网、路网、林网、水网配套，提高耕地质量。强化农业防灾减灾能力建设，提高人工增雨抗旱和防雹减灾作业能力。

——提高农业综合生产能力，稳定粮食生产。加强土地整治，搞好规划、统筹安排、连片推进，加快中低产田改造，提升耕地质量；实施测土配方施肥，建设高标准农田，稳步提升粮食生产能力。推进连片标准粮田建设，加快粮食生产机械化技术推广应用，进一步提高粮食主产区生产能力，集中建设一批基础条件好、生产水平高、调出量大的粮食生产核心区。在保护生态前提下，开发资源有优势、增产有潜力的粮食生产后备区。

6.2.4.2 畜牧产品环境安全保障区

（1）功能定位

该区主导环境功能为保障奶牛、牦牛、藏系绵羊等优势及特色畜牧产品的养殖环境安全。

（2）环境功能目标

保障区域内土壤、水等环境安全，维护畜牧养殖所需草地健康供给，确保畜牧产品质量不降低。

该区执行的环境质量目标：地表水环境执行《地表水环境质量标准》Ⅳ类水标准；环境空气质量执行《环境空气质量标准》二级标准；土壤环境质量执行《土壤环境　农用地土壤污染风险管控标准（试行）》中风险筛选值要求；维持草原生态系统健康；噪声环境保持在本底值，核与辐射不超过本底值。

（3）管控措施

——限制污染物排放总量，严格控制重金属类污染物和挥发性有机污染物等有毒有害物质的排放，将排污许可证允许排放量作为污染物排放总量控制和管理的依据。禁止将生活污水和生产废水以各种形式排入或渗入地表水体。推行牲畜集中屠宰，对牲畜屠宰加工产生的生产废水和生活污水进行处置后排放。

——因地制宜实施划区轮牧、围封禁牧、松土补播、建立人工草地等，禁止过度放牧、开垦草地等，遏制土地沙化；科学防治鼠虫害，避免污染土壤。

——加大人工、半人工草地建设，为牲畜提供充足的高产优质牧草；人工、半人工草地建设避开陡坡、泥炭沼泽地、潜在沙化草地等敏感区段。发展饲草饲料专营企业，鼓励将农区秸秆加工成饲料，增大秸秆饲料的比例，在提高畜产品质量和数量的同时，减轻畜牧业对草地的压力。

——严格规范工业化、城镇化开发建设，不得影响畜禽产品品质，不得降低空气环境、水环境、土壤环境质量，不得影响产地环境安全。

——大力发展节约型、生态型、环保型、健康型、安全型畜牧业，推动畜牧业从传统型向现代型、从粗放型向集约型、从散养向标准化规模养殖转变，推进产业结构升级。

6.2.5　聚居环境维护区

聚居环境维护区，应坚持“严控污染、优化发展”。该区承载了全区大部分的人口和经济总量，资源能源消耗高，污染物产生量大，要加强环境管理与治理，削减污染物排放量，改善环境质量，防范环境风险，改善人居环境。

6.2.5.1　环境优化区

（1）功能定位

该区主导环境功能为维护人居环境健康，支持区域基础设施建设。

(2) 环境功能目标

保护聚居环境区的生态环境，在保持区域空气、地表水环境质量不下降的基础上防范环境风险，加强主要污染物排放控制，力争实现污染物总量减排，保障人群享有的公共绿色空间不减少，维护人居环境健康。

该区执行的环境质量目标为：地表水应达到《地表水环境质量标准》Ⅲ类标准，水功能区水质达标率达到100%，纳污水体不影响下游水体功能；空气质量执行《环境空气质量标准》二级标准，空气质量达到二级以上的天数>80%；土壤环境质量达标率>90%；工业企业界内符合《工业企业土壤环境质量风险评价基准》的相关要求；建成区绿化覆盖率>35%；噪声达标区覆盖率>60%；核辐射公众人员年有效计量当量不超过0.1 mSv，电磁辐射公众一天内任意连续6 h全身平均比吸收率<0.002 W/kg。

(3) 管控措施

——完善城市环境保护基础设施，保护现有人居环境，加快建立生态绿地、防护绿地和生态廊道，发展多种绿化类型。完善防灾减灾体系，预防自然环境灾害。

——明确城市环境要素功能分区，科学规划生态保护空间，确立城市生态保护红线，促进形成有利于污染控制和降低居民健康风险的城市空间格局。

——依据近期环境保护规划，制定相应的污染物中长期减排目标，使环境质量稳步提升。提高主要污染物总量减排指标削减率，鼓励制定更严格的地方排放标准。

——强化城镇污水、垃圾收集与处理设施建设，加强环境管理和监督力度，提高各类治污设施的效率，努力实现环境公共服务的均等化；强化对现有企业污染物稳定达标排放的监管。

——深化环境影响评价制度，规划和建设项目环评应提出具体的有针对性的防止污染和避免造成生态破坏等方面的措施，同时，强化环境风险评价，科学评估环境优化区内人口和产业聚集可能引起的群体性环境风险，并提出有效的防范对策和措施，强化建设项目和现有企业环境风险监管，建立健全环境事故应急响应联动机制和信息支持系统，维护城乡人居环境安全。

——废水排放执行行业污染物排放标准中的特别排放限值和基准排水量；废气排放执行行业污染物排放标准中的特别排放限值；环境优化区内各企业应执行相关行业清洁生产一级水平；产业升级的同时，要求走循环经济的道路，严格控制产业能耗、水耗。

6.2.5.2 环境治理区

（1）功能定位

该区主导环境功能为维护人居环境健康，支持区域经济发展。

（2）环境功能目标

保护人群聚居区环境，着重提高空气、水环境质量，使之达到环境质量功能区的相应标准。防范突发环境事故，维护地区环境质量和聚居人群的空气、饮用水安全。加大城市生态绿色空间建设，提高人居环境舒适度。

该区执行的环境质量目标：地表水应达到《地表水环境质量标准》Ⅲ类标准，水功能区水质达标率达到60%，纳污水体不影响下游水体功能；空气质量执行《环境空气质量标准》二级标准，空气质量达到二级以上的天数＞60%；土壤环境质量达标率＞50%；工业企业界内符合《工业企业土壤环境质量风险评价基准》的相关要求；建成区绿化覆盖率＞20%；噪声达标区覆盖率＞30%；核辐射公众人员年有效计量当量不超过 0.3 mSv，电磁辐射公众一天内任意连续 6 h 全身平均比吸收率＜0.006 W/kg。

（3）管控措施

——统筹规划国土空间，扩大绿色生态空间，合理利用农村居住空间，减少城市核心区工矿建设空间，控制开发区过度分散。健全城市规模结构，推动形成分工协作、优势互补、各具特色、体系完善、联系紧密、集约高效的网络化城市群。加快推进城镇化进程，促进农业富余人口就地就近迁移，农村居民点适度集中布局。

——提高经济发展质量。推进经济发展方式转变，加强科技创新，提高产品附加价值，提高经济发展质量和效益，促进循环经济和绿色经济发展，提高资源利用效率，降低污染物排放强度。

——把握开发时序，区分近期、中期和远期，实施有序开发，近期重点建设好国家和省级各类开发区和工业集中区，目前尚不需要或不具备条件开发的区域，要作为预留发展空间予以保护。

——推进生态城市建设，改善人居生态环境。科学规划开发建设布局和次序，合理规划布局城市功能，完善城市绿化系统和防灾减灾体系，预防自然环境灾害。对存在重金属超标的水体和土壤实施污染治理和生态修复。明确城市环境要素功能分区，科学规划生态保护空间，促进形成有利于污染控制和降低居民健康风险的城市空间格局。

——将区域资源承载力和生态环境容量作为承接产业转移的重要依据，对进入的企业严格实行资源节约、环境友好的要求，提高并严格执行环保准入门槛。

——继续强化环境影响评价制度，规划和建设项目环评应提出具体的有针对性的防止污染和避免造成生态破坏等方面的措施；加强建设项目和现有企业环境风险评估与监管。建立区域环境风险评估和防控制度，确立比较完善的重金属污染防治体系和人群健康风险评估与防控体系。建立健全环境事故应急响应联动机制和信息支持系统。限制新建和扩建重污染企业和生产线，控制新污染源产生，建设项目污染物排放浓度必须按功能区要求达标。

——规范工业园区企业的清洁生产审核，加强环境管理和监督力度，尤其是对现有企业污染物稳定达标排放的监管，提高各类治污设施的效率，加强园区污染物集中处理处置，提高资源回收率。最大限度将园区内处理后的废水循环用于水质要求不高的地方（中水回用）。对于工业园区普遍推广开展环境管理体系认证工作，提升环境管理能力。

——科学评估环境治理区内现存和潜在的环境问题，制定科学合理可行的环境综合治理规划。加大力度实施水环境综合整治、大气环境综合整治、土壤污染治理等环境治理工程，限期实现环境功能区环境质量达标，逐步恢复环境功能。同时加强预防，对未来发展中可能产生的环境问题，未雨绸缪，提出有针对性的管控措施，维护城乡人居环境安全。

——提高新建项目环境准入门槛。严格涉重金属行业环评、土地和安全生产许可审批，严禁向涉重金属行业落后产能和产能严重过剩行业的建设项目提供土地。提高工业园区产业集中度，提高资源的集中利用效率，推动循环利用和废渣资源化处理。

6.2.5.3　环境风险防范区

（1）功能定位

该区主导环境功能为维护人居环境健康，防范环境风险。

（2）环境功能目标

保护人群聚居区环境，继续提高空气、水环境质量，使之达到环境质量功能区的相应标准。加大城市生态绿色空间建设，提高人居环境舒适度。继续加强污染物排放控制，实现污染物总量持续减排，改善环境质量。

该区执行的环境质量目标：地表水应达到《地表水环境质量标准》Ⅲ类标准，水功能区水质达标率达到 90%，纳污水体不影响下游水体功能；空气质量执行《环境空气质量标准》二级标准，空气质量达到二级以上的天数＞70%；土壤环境质量达标率＞70%；工业企业界内符合《工业企业土壤环境质量风险评价基准》的相关要求；建成区绿化覆盖率＞30%；噪声达标区覆盖率＞50%；核辐射公众人员年有效计量当量不超过 0.3 mSv，电磁辐射公众一天内任意连续 6 h 全身平均比吸收率<0.006 W/kg。

（3）管控措施

——强化源头控制，持续开展清洁生产，引导企业按照循环经济的要求采用先进技术和设备，减少污染物排放。

——加强废气污染治理，采用低硫清洁燃料，强化二氧化硫、氮氧化物、颗粒物、挥发性有机物的协同控制，除满足达标排放外，实施严格的总量控制，鼓励废气资源化综合利用。

——节约水资源，保证污水处理设施稳定运行，在确保达标排放和总量控制的前提下，尽可能实施中水回用，最大限度减少污水排放量。防止地下水污染，从原料和产品储存、装卸、运输、生产过程、污染处理装置等全过程控制各种有毒有害原辅材料、中间材料、产品泄漏（含跑、冒、滴、漏），同时对有害物质可能泄漏到地面的区域采取防渗措施，阻止其渗入地下水。

——按照集中收集、减量化、资源化和无害化处理的原则开展工业固废污染防治与综合利用。采用先进的生产工艺和清洁原料，以尽可能少产生工业固废，提高综合利用率。危险废物按照《危险废物贮存污染控制标准》（GB 18597—2001）、《危险废物管理暂行办法》《危险废物转移联单管理办法》等有关规定文件的要求以及“减量化、资源化和无害化”的原则进行管理，送交有资质的危险废物处理单位进行最终处置，无害化处理处置率达到 100%。

——强化环境风险事故防范意识，建立风险事故应急机构，制定应急预案，建立完善的组织机构。加强应急队伍、装备、设施建设和救援物资储备，有针对地开展隐患排查，完善环境突发事故应急预案，定期组织开展应急演练。加强对废气尤其是有毒及恶臭气体的收集和处理，配备相应的应急处置设施。建立完善有效的环境风险防控设施和有效的拦截、降污、导流等措施，有效防止泄漏物和消防水等进入园区外环境。

——提升环境监测能力。完善在线监控系统，对企业废水、废气排放及环境空气、地表水、地下水、土壤等进行在线监测，提升应急监测能力。

6.2.6 资源开发环境引导区

资源开发环境引导区，应坚持“规划先行、有序发展”。该区是西藏重要的战略资源储备基地，生态系统较为脆弱。重点要控制资源开发对周边生态环境的影响，保障区域生态环境安全。

6.2.6.1　矿产资源开发引导区

（1）功能定位

该区主导环境功能为矿产资源供给、生态环境维护。

（2）环境功能目标

引导资源合理开发，确保开发过程对自然环境的影响最低，在开发资源的同时维护矿区水源涵养、水土保持等生态调节功能稳定发挥；利用先进工程技术手段，提高矿区中环境治理区域的恢复效率，及时复垦利用。

该区执行的环境质量目标：地表水执行《地表水环境质量标准》Ⅳ～Ⅴ类标准。空气环境执行《环境空气质量标准》二级标准。生态基本保持稳定。核辐射工作人员年有效剂量当量限值为50 mSv；电磁辐射规定职业照射每天8 h工作时间内全身平均比吸收率＜0.1 W/kg。核辐射公众人员年有效计量当量不超过0.1 mSv，电磁辐射公众一天内任意连续6 h全身平均比吸收率＜0.002 W/kg。

（3）管控措施

——污染物排放总量需适度削减，按照本地区的实际情况，在区县层面提出地区污染物的削减量，保障区域环境质量不降低；防范资源开发引起的环境风险。

——禁止资源开发区内废弃物直接排入环境。禁止垃圾填埋、深井注入等活动污染地下水质。禁止矿区开采时的粉尘、矿渣等不合理处置而污染区域环境。实现所有矿山“三废”达标排放，有效控制矿山“三废”排放总量。

——强化资源开发利用规划环评，矿产资源开发利用规划要开展规划环境影响评价及环境影响回顾性评价，资源开发利用项目开展建设项目环境影响评价。建立资源开发利用规划环评和建设项目环境影响评价文件审批联动机制，禁止新、扩、改建不符合资源开发利用规划要求的项目，加强资源开发活动对生态环境影响的控制。

——禁止非法矿产开采，规范现有矿区开发，合并过小、分散的矿产开发项目，科学划定各个开发区的工作面积，确定各个开发区废弃后的环境恢复治理目标。禁止资源开发过程严重改变原有地貌、生态环境、水系通道，严重影响生物生存及繁衍。

——现已经被废弃的矿区，加强环境恢复治理，加大矿区土地复垦力度。对于周围基本上为农田保护区的矿区，主要任务是地质灾害治理、复垦、平整土地、造林、绿化、回填采空区等，靠近基本农田的坑口、废碴堆放处应砌隔离带，防止损坏农田。

——完善矿山地质环境保护制度和管理体系，建立覆盖全区的矿山地质环境动态监测网和实时数据查询管理信息系统。现有生产矿山继续得到全面治理，建成一批矿山地质环境治理工程示范区（点）。新建和在建矿山毁损土地继续得到全面复垦。

——建立资源开发生态环境监测网络，对采矿可能产生的“三废”污染和诱导的水土流失以及土地资源破坏面积、分布状况、破坏类型、程度和发展趋势进行监测，有效监控矿山地质环境现时状况，及时掌握土地资源破坏和土地复垦情况，为矿山地质环境保护与治理提供准确的基础资料。对造成严重环境污染和生态破坏的矿区，责令限期整改，逾期整改不达标的予以关闭。

——产业环保准入标准中，废水、废气排放标准需执行现有相应企业污染物排放限值。各行业需执行行业清洁生产三级水平。全面评估资源开发过程中的环境污染，将污染限制在可控的范围内。

——新矿山需具有符合相应规范要求并经审查的矿产勘查报告、矿产资源开发利用方案设计、矿山环境影响评价报告、矿山地质环境保护与恢复治理方案、土地复垦方案、矿山水土保持方案、矿山安全生产保障措施等。新矿山开发若有能利用的共伴生矿产必须制订综合开发利用方案；暂难利用的共伴生矿以及含有益组分的尾矿资源必须制定有效的保护措施。

6.2.6.2 水能资源开发引导区

（1）功能定位

该区主导环境功能为水能资源储备、生态环境维护。

（2）环境功能目标

加强流域水生态环境保护工作，遏制生态环境破坏趋势，适应流域环境保护的要求，在充分考虑上下游、左右岸的用水需求，维护区域自然生态系统的稳定性和自然文化与社会文化的前提下，实现中小水电资源的合理开发和利用。

该区执行的环境质量目标：地表水执行《地表水环境质量标准》Ⅳ～Ⅴ类标准。空气环境执行《环境空气质量标准》二级标准。生态基本保持稳定。电磁辐射规定职业照射每天 8 h 工作时间内全身平均比吸收率$<$0.1 W/kg。核辐射公众人员年有效计量当量不超过 0.1 mSv，电磁辐射公众一天内任意连续 6 h 全身平均比吸收率$<$0.002 W/kg。

（3）管控措施

——禁止过度开发利用水能资源，适当压缩过剩的水电设施，取缔现有过剩的、位置不合理的水能开发工程，恢复水系水量及水生生物基本生存环境。禁止

在自然保护区的核心区和缓冲区、地质灾害危险区，以及法律法规规定不得从事建设活动的其他区域规划设置水能资源开发利用梯级；禁止规划兴建妨碍行洪安全、严重破坏生态环境的水能资源梯级。禁止在重要水源上游及取水口设置水能开发项目。

——水能开发利用项目实行全区统一协调，合理、适度布设开发工程，不在重要水系源头处过度开发，不在重要水生生物繁衍、生存河段过度开发。对造成污染的河段及时处理，防止跨区域、大面积的污染事故发生。

——防范水力电力开发可能产生的生态环境风险。在水电开发中保护陆生动植物多样性及珍稀濒危动植物，在开工前应进行严格的动植物资源数量及空间分布的调查，并对区内受影响的国家保护珍稀濒危动植物提出合理的异地或就地保护对策，在施工期和运行期应尽量减少和避免对国家保护珍稀濒危动植物的直接或间接破坏。

——加强库区及两岸的绿化，减少水土流失、崩坡等对库区生态安全及正常运行的潜在威胁。对重要陆生生态系统，如区域内典型的、原生性的森林生态系统，必须对其间接影响引起足够的重视，如以库区为载体的森林旅游开发项目、道路便利化后的森林开荒等，并提出有针对性的对策措施。

——加强水域生态环境保护。在干流各梯级库区周边选址建设渔业鱼类增殖保护站，人工增殖放流，进行自然资源保护性修复补偿，并从坝址、坝高选择等设计上考虑和尽量减少对鱼类“三场”的直接影响。

——强化水电水能资源开发利用规划环评，水电水能资源开发利用规划要开展规划环境影响评价，水电水能开发利用项目要开展建设项目环境影响评价。建立水资源开发利用规划环评和建设项目环境影响评价文件审批联动机制，禁止新、扩、改建不符合水资源开发利用规划要求的项目，加强水资源开发活动对生态环境影响的控制。

——各有关主管部门组织进行水电水能资源已开发流域的回顾性环境评价，准确评价已产生的环境问题的影响及损害程度，提出可行的治理规划；对经济效益差、环境损害程度大的项目，该关的关，该停的停，恢复河流生态。

——组织研究水电水能资源开发对生态影响的价值成本，提出生态补偿机制，建立生态建设基金，由政府有关主管部门组织制定各流域的生态建设规划，落实生态建设进度，并提出相关考核和验收标准。各级水利、环保、水产、国土等部门联合组织对水电水能资源开发产生的水生生态影响进行调查研究，切实做好鱼类增殖站的建设规划，建立鱼类增殖的管理机制，提出有效的鱼类保护措施，使各流域的鱼类得到有效保护。

——落实解决好库区及坝下居民的饮用水和农业用水，同时要保障各电站的生态环境用水，即保障坝址河段的水生态最小需水量。同时建设各类农业用水灌溉设施；对脱水河段，在保证生态基流外，还应根据情况进行灌溉系统的建设。

6.3 生态保护补偿政策设计

6.3.1 生态保护补偿基本原则

（1）立足现实

尊重已存在的组织架构、资金渠道以及建设重点，尽量不新设机构、专项和项目。

（2）统筹分配

整合西藏目前现有的生态补偿性质的资金并合理分配，避免重复建设、提高使用效率。

（3）力图公平

全面考虑影响生态环境保护成本的各类因素，针对生态保护红线的区域、级别、类型设计不同标准，尽量保证资金分配的公平性。

（4）因地制宜

以县为单位，充分考虑不同环境功能区划内补偿需求与补偿方式的差异。

6.3.2 生态保护补偿范围

以县（区）为单位，将具有重要生态功能作用、提供重要生态产品的生态保护红线区域列入转移支付测算范围。

6.3.3 资金分配办法

整合中央财政每年向西藏自治区提供的一般性转移支付资金与专项转移支付资金，包括国家重点生态功能区转移支付、森林生态效益资金、草原生态保护奖励补助、西藏湿地保护与恢复工程资金、野生动植物保护及自然保护区建设工程资金、天然林保护工程资金、国家森林公园建设投资资金、天然草原退牧还草工程资金、草原牧区基础项目建设资金、草原鼠虫害治理工程资金、陆生野生动物肇事补偿资金等，根据表 6 - 2 中列入的因素测算各县（市）分配的资金数额。

表 6－2　资金分配指标

指标	计算方法
环境功能区得分	自然生态保留区（100）、生态功能保育区（90）、食物安全保障区（80）、资源开发环境引导区（70）、聚居环境维护区（60）
生态系统服务重要性得分	=（∑类型为 j 重要性为 k 的生态保护红线面积×j 类型系数×重要性 k 系数）/i 县总面积×生态服务功能重叠系数，然后将结果标准化
县域内生态保护红线区域占县域面积比例	对 74 个县的数据进行标准化
标准财政收支缺口	对 74 个县的数据进行标准化
农村居民人均纯收入	对 74 个县的数据进行标准化
人口密度	对 74 个县的数据进行标准化

根据熵权法计算以上 6 个指标的权重并据此计算各县（市）的最终得分，既而根据某县（市）得分在各县（市）得分总和中的占比确定各县（市）的资金分配系数。

6.3.4　生态保护补偿方式

根据资金来源，严格按照国家对一般性转移支付和专项转移支付的要求使用资金；增加本级财政投入，积极探索市场化生态补偿，进一步加大区域内生态保护红线的保护力度。

因地制宜调整生态补偿方式。对自然生态保留区以及生态功能保育区，以一般性转移支付为主，配合以建设项目为导向的专项转移支付，确保生态环境、公共服务、人民生活协调发展；对资源开发环境引导区，重视以建设项目为导向的专项转移支付，确保资源开发行为合理且能得到及时、必要的生态修复；同时探索财税改革、资源开发生态补偿收费以及社会化补偿，引导生态补偿的市场化；对食物安全保障区，积极探索农产品生态标识、绿色有机食品等市场行为补偿方式；对聚居环境维护区，重视异地产业开发、生态旅游补偿收费、技术培训及政策优惠等造血型补偿方式的探索和应用。

第 7 章　生态保护红线划定及对策研究

7.1　生态保护红线方案划定的总体考虑

按照《生态保护红线划定指南》，生态功能极重要区和生态极敏感/极脆弱区划为生态保护红线，各地可因地制宜将各类保护区域划为生态保护红线。结合国家和西藏自治区经济社会发展状况和未来形势，从国家和西藏自治区各类相关政策框架出发，提出西藏自治区生态保护红线三个建议方案。

方案一（低方案）：仅考虑把国家级自然保护区的核心区和缓冲区划为生态保护红线。空间范围基本上属于上述西藏环境功能区划方案中自然资源保留区的子集。

方案二（中方案）：在方案一的基础上，考虑纳入自治区级自然保护区、市级自然保护区、县级自然保护区、世界文化自然遗产、自治区级以上风景名胜区、自治区级以上森林公园、自治区级以上地质公园、湿地公园等《西藏自治区主体功能区规划》确定的禁止开发区以及重要饮用水水源地、国际重要湿地、国家级水产种质资源保护区、重点文物保护单位等各类禁止开发区等。空间范围基本上与上述西藏环境功能区划方案中自然资源保留区的范围一致。

方案三（高方案）：在方案二的基础上，考虑纳入基本草原、国家级重点生态功能区和自治区级重点生态功能区（《西藏自治区主体功能区规划》确定的限制的生态地区）。空间范围基本上与上述西藏环境功能区划方案中自然资源保留区和生态功能保育区的范围一致。

7.2　生态保护红线建议方案

根据技术指南，采用地理信息系统空间分析技术，在统一空间参考系统下，将

生态功能重要性保护红线、生态敏感/脆弱性保护红线、现有保护地红线的划定方案进行空间叠加，进行统筹融合，得到生态保护红线方案。

7.2.1　建议方案一（低方案）

建议方案一（低方案）包括以下区域：(1) 生态系统服务功能评价确定的极重要区域；(2) 生态环境敏感/脆弱性评价确定的极敏感区域；(3) 国家级自然保护区的核心区和缓冲区。考虑部分国家级自然保护区划分过于笼统，面积过大，对保护区内区域城镇和重要开发地区未预留发展空间，对现有和纳入规划的重大建设项目都预留了合理的发展空间。

上述区域空间叠加融合扣除零碎斑块，并扣除红线区内已有的建设用地和农田，以及法定规划建设用地，得到最终的红线范围。低方案的生态保护红线面积约占国土总面积的40%，空间分布见图7－1（a）。

其中，生态功能极重要区、生态极敏感/脆弱区依据《中华人民共和国环境保护法》进行管理，国家级自然保护区的核心区和缓冲区依据《自然保护区条例》和自然保护区规划进行管理。

7.2.2　建议方案二（中方案）

中方案划定的生态保护红线范围除低方案外，还包括其他各类国家级禁止开发区域（包括世界文化自然遗产、国家级风景名胜区、国家森林公园、国家地质公园）、自治区级禁止开发区域（包括自治区级自然保护区、自治区级风景名胜区、自治区级地质公园、国家级水产种质资源保护区、国际重要湿地、国家级湿地公园）、其他受保护地（包括市县级自然保护区、饮用水水源保护区、重点文物保护单位、生态公益林、江河源头水保护区）。

上述区域空间叠加融合扣除零碎斑块，并扣除红线区内已有的建设用地和农田，以及法定规划建设用地，得到最终的红线范围。由于部分现有保护地红线空间范围不明确，无法扣除重叠面积，中方案的生态保护红线面积预计约占国土总面积的58%，空间分布见图7－1（b）。

其中，世界文化自然遗产依据《保护世界文化和自然遗产公约》《实施世界遗产公约操作指南》和文化自然遗产规划进行管理；国家级风景名胜区依据《风景名胜区条例》和风景名胜区规划进行管理；国家森林公园依据《中华人民共和国森林法》

《中华人民共和国森林法实施条例》《中华人民共和国野生植物保护条例》《森林公园管理办法》和森林公园规划进行管理；国家地质公园依据《世界地质公园网络工作指南》《地质遗迹保护管理规定》和地质公园规划进行管理；自治区级自然保护区依据《西藏自治区实施〈中华人民共和国自然保护区条例〉办法》《西藏自治区〈中华人民共和国野生动物保护法〉实施办法》《西藏自治区野生植物保护办法》《西藏自治区湿地保护条例》和自然保护区规划进行管理；自治区级风景名胜区依据《风景名胜区条例》和风景名胜区规划进行管理；国家级水产种质资源保护区根据《水产种质资源保护区管理暂行办法》进行管理；国际重要湿地依据《湿地公约》进行管理；国家湿地公园依据《国家湿地公园管理办法（试行）》进行管理；市县级自然保护区依据《西藏自治区实施〈中华人民共和国自然保护区条例〉办法》《西藏自治区〈中华人民共和国野生动物保护法〉实施办法》《西藏自治区野生植物保护办法》《西藏自治区湿地保护条例》和自然保护区规划进行管理；饮用水水源保护区依据《西藏自治区饮用水水源环境保护管理办法》进行管理；重点文物保护单位依据《西藏自治区文物保护法管理条例》进行管理，生态公益林依据《国家级公益林管理办法》进行管理。

7.2.3 建议方案三（高方案）

高方案划定的生态保护红线范围除中方案外，还包括重点生态功能区（包括国家级重点生态功能区和自治区级重点生态功能区）、其他限制开发区（包括基本草原）。

上述区域空间叠加融和扣除零碎斑块，并扣除红线区内已有的建设用地和农田，以及法定规划建设用地，得到最终的红线范围。由于部分现有保护地空间范围不明确，无法扣除重叠面积，高方案的生态保护红线面积预计约占自治区总面积的75%，空间分布见图7-1（c）。

其中，国家级重点生态功能区依据《全国主体功能规划》《国家重点生态功能区转移支付办法》进行管理；自治区级重点生态功能区依据《西藏自治区主体功能区规划》进行管理；基本草原依据《西藏自治区实施〈中华人民共和国草原法〉办法》进行管理。

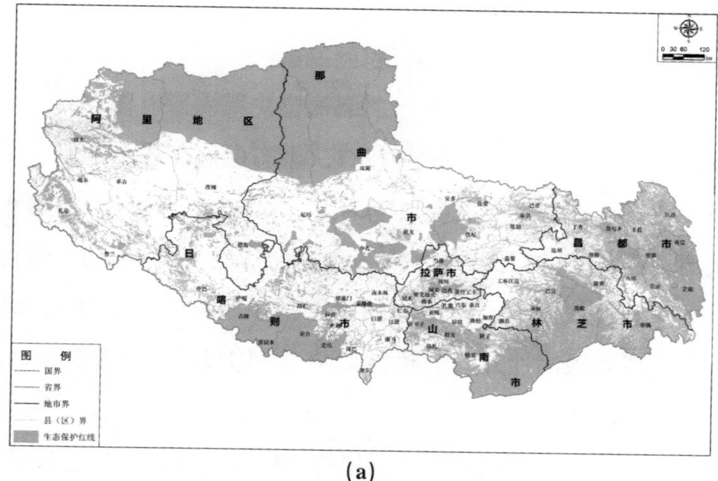

(a)

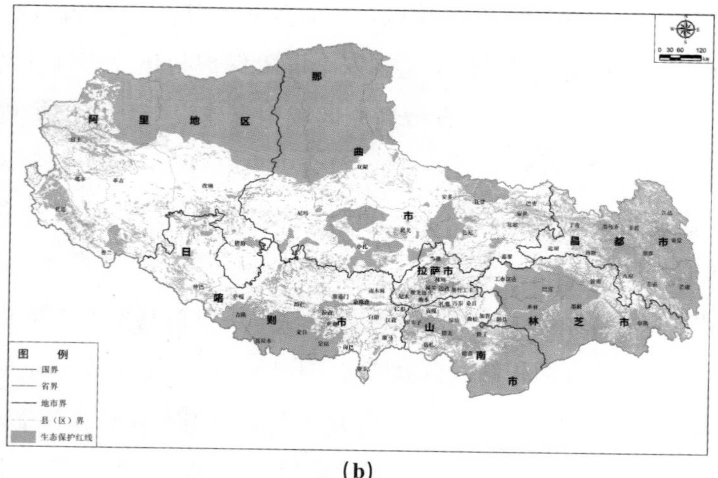

(b)

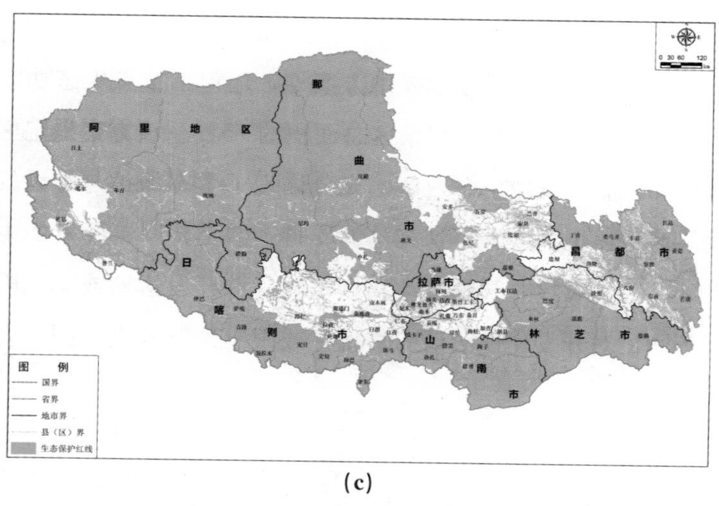

(c)

图 7－1　自治区生态保护红线空间分布图

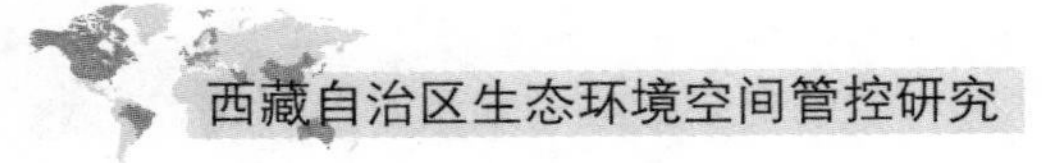

7.3 建议方案对比分析

三种建议方案的对比分析情况见表 7-1。生态保护红线不是以一个笼统的概念施行“一刀切”方式管理，也不是说划定了生态保护红线的区域将禁止一切开发建设活动，而是要根据各类生态保护红线区域的生态保护目标不同，施行差异化的分类管理。不同的生态红线区域，有不同的生态保护目标、生态建设和保护的要求，对应有不同的禁止或者限制性开发活动的要求。具体根据国家和自治区政策和财力，采用不同的生态保护红线方案。

低方案划定的生态保护红线范围包括生态功能极重要区、生态极敏感/脆弱区以及国家级自然保护区的核心区和缓冲区，生态保护红线面积约占自治区总面积的40%。该方案划定区域体现了《西藏生态安全屏障保护与建设规划（2008—2030）》（发改办农经〔2009〕446 号）、《青藏高原区域生态建设与环境保护规划（2011—2030）》等规划生态安全屏障的主体区域，符合中央第六次西藏工作会议关于西藏作为“重要的生态安全屏障”的基本定位。该区域的保护是西藏生态安全屏障建设的重中之重的核心地区。

中方案划定的生态保护红线范围除低方案外，还包括其他各类禁止开发区域和受保护地，生态保护红线面积约占自治区总面积的 58%。该方案划定区域涵盖了国家现有各类政策中各类保护用地，比较充分地考虑了国家和地方生态保护的需求。但是各类保护用地的保护目标不同，对开发建设活动的禁止性要求也不同，要施行分类管理。

高方案划定的生态保护红线范围除中方案外，还包括重点生态功能区和其他限制开发区，生态保护红线面积约占自治区总面积的 75%。该方案划定区域涵盖了各类禁止开发区域和限制开发地生态地区，充分体现了生态保护与建设的诉求，国家对生态红线政策落地，也将能够得到充分的支持。但是将限制开发的生态地区也纳入生态红线地区，部分农牧业开发活动和点状的资源开发活动或受到限制。各类区域的保护目标不同，对开发建设活动的禁止性或限制性要求也不同，要施行细致的分类管理（表 7-1）。

表 7－1 建议方案对比

内容	低方案	中方案	高方案
红线包括范围	①生态系统服务功能极重要区域； ②生态环境极敏感/极脆弱性区； ③国家级自然保护区的核心区和缓冲区	①低方案区； ②国家级禁止开发区域*； ③自治区级禁止开发区域*； ④其他受保护地*	①中方案区； ②重点生态功能区（包括国家级重点生态功能区和自治区级重点生态功能区）； ③其他限制开发区（包括基本草原）
面积比例	40％	58％	75％
划定依据	《环境保护法》《生态保护红线划定技术指南》《全国主体功能区规划》	《环境保护法》《生态保护红线划定技术指南》《全国主体功能区规划》《西藏自治区主体功能区规划》	《环境保护法》《生态保护红线划定技术指南》《全国主体功能区规划》《西藏自治区主体功能区规划》
优点	体现了《西藏生态安全屏障保护与建设规划（2008—2030）》（发改办农经〔2009〕446 号）、《青藏高原区域生态建设与环境保护规划（2011—2030）》等规划生态安全屏障的主体区域	与国家《指南》对生态保护红线范围的要求一致，涵盖了国家现有各类政策中各类保护用地，比较充分地考虑了国家和地方生态保护的需求。国家对生态保护红线倾斜政策，受益较多	保护空间充足，涵盖了各类禁止开发区域和限制开发地生态地区，充分体现了生态保护与建设的诉求。国家生态红线政策落地，对生态保护红线倾斜政策，将能够得到充分的支持，受益较多
缺点	未考虑地方生态安全维护需求；且与保障国家与区域生态安全的要求不符。若国家对生态保护红线倾斜政策利好大，受益较少		将限制开发的生态地区也纳入生态红线地区，部分农牧业开发活动和点状的资源开发活动或受到限制

* 西藏自治区的国家级禁止开发区域主要包括国家级自然保护区、世界文化自然遗产、国家级风景名胜区、国家森林公园和国家地质公园；自治区级禁止开发区域包括自治区级自然保护区、自治区级风景名胜区、自治区级地质公园、国家级水产种质资源保护区、国际重要湿地、国家级湿地公园等；其他受保护地包括市级自然保护区、县级自然保护区、饮用水水源地、重点文物保护单位、生态公益林、江河源头水保护区。

根据三种方案的生态保护红线划分范围、生态保护红线占比，综合考虑保护国家和自治区生态安全、推动经济社会发展、改善民生项目建设等需求，统筹自治区生态保护与社会发展的关系，从生态环境保护角度，自治区生态保护红线方案如能选用高方案最优，如若困难较大，至少要选用中方案，该方案涵盖了国家现有各类政策中各类保护用地，比较充分地考虑了国家和地方生态保护的需求。

7.4 管控对策

7.4.1 生态保护红线管控要求

生态保护红线区实行严格管控。原则上按禁止开发区域的要求进行管理。严禁不符合主体功能定位的各类开发活动，严禁任意改变用途。生态保护红线划定后，只能增加、不能减少，因国家重大基础设施、重大民生保障项目建设等需要调整的，由自治区政府组织论证，提出调整方案，经原环境保护部、国家发展改革委会同有关部门提出审核意见后，报国务院批准。因国家重大战略资源勘查需要，在不影响主体功能定位的前提下，经依法批准后予以安排勘查项目。自然保护区、森林公园、风景名胜区、地质公园、饮用水水源地保护区、湿地公园、风景区等现有各类保护区域，要遵守已有法律法规的规定。

制定生态保护红线生态补偿方案，以县级人民政府为基本单元，综合考虑生态系统服务功能重要性、生态保护红线区面积、生态保护修复成效等因素，完善国家重点生态功能区转移支付政策，加快建立健全生态保护补偿制度。引导生态保护红线区和受益地区，通过对口协作、共建园区、技术分享、税收共享等方式，探索建立跨行政区的横向生态保护补偿机制，共同分担生态保护任务。有关部门应采取定期检查、重大项目跟踪检查、重点抽查等方式，加大对生态保护红线区生态补偿资金监管和审计力度。生态补偿资金重点用于红线区生态保护与恢复、自然保护区和风景名胜区等原真性和完整性保护、历史遗留生态环境问题治理、能力建设等方面。

建立生态保护红线监控体系。一是建设和完善“天地一体化”观测网络体系，充分发挥环境卫星生态遥感监测能力，结合自然保护区和科研监测站点，布设相对固定的生态保护红线监控点，及时获取生态保护红线区监测数据。二是建立生态保护红线监管平台。依托生态环境监测大数据平台，运用大数据、云处理等信息化手段，加强监测数据集成分析和综合应用，提高生态保护红线管理决策系统化、科学化、精细化、信息化水平。实时监控人类干扰活动，及时发现生态破坏，

变被动应对为主动发现；全面掌握生态系统构成、分布与动态变化，及时评估和预警生态风险；对监控发现的问题，及时通报行业主管部门和当地政府，组织开展现场核查督察，依法依规进行处理。依托国家生态保护红线监管平台，加强能力建设，建立自治区监管体系，实施分层级监管，及时接收和反馈信息，核查和处理违法行为。

制定生态保护红线绩效考核办法，以五年为周期，委托第三方，对自治区级人民政府生态保护红线的保护成效开展绩效考核。考核重点包括生态保护红线区面积变化、红线区内生态系统结构与生态环境质量变化、生态功能保护成效、人为活动干扰和破坏情况，以及管理政策落实情况等。考核结果作为确定国家生态保护红线生态补偿资金的直接依据，并纳入地方政府领导干部政绩考核。考核结果公开发布。

生态保护红线划定后，只能增加、不能减少，因国家重大基础设施、重大民生保障项目建设等需要调整的，由省级政府组织论证，提出调整方案，经原环境保护部、国家发展改革委会同有关部门提出审核意见后，报国务院批准。因国家重大战略资源勘查需要，在不影响主体功能定位的前提下，经依法批准后予以安排勘查项目。

7.4.2　生态保护红线分类管理对策

7.4.2.1　生态功能重要性保护红线

严禁一切有损主要生态功能的开发建设活动，保障生态系统服务功能持续稳定发挥。

水源涵养区保护红线内，禁止导致水体污染的产业发展；禁止非更新性、非抚育性砍伐和其他破坏饮用水水源涵养林、护岸林及其他植被的行为。控制放牧强度。

土壤保持区保护红线内，禁止毁林、毁草开荒和陡坡地开垦；禁止挖砂、取土和开山采石；水土保持区保护红线内应实施封山禁牧。

防风固沙区保护红线内，严禁一切截留地表水、开发地下水和开垦草原、破坏植被的行为；以草定畜，严格控制载畜量；出现江河断流的流域禁止新建引水和蓄水工程；对主要沙尘源区、沙尘暴频发区实行封禁管理。

生物多样性保护区内生态保护红线，禁止一切对受保护动植物及生态系统生境造成影响和破坏的开发建设活动；禁止对野生动植物进行滥捕、滥采、乱猎；保障森林草原生态系统的正常演替和野生动物适宜种群的正常繁衍及迁徙通道不受干扰，

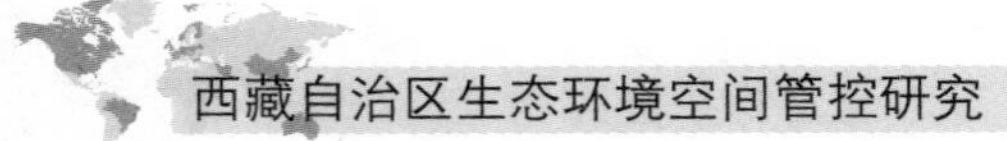

禁止引入外来物种。

7.4.2.2 生态敏感/脆弱性保护红线

严禁一切对生态环境敏感性特征产生加速影响的开发建设活动，增强生态系统稳定性。

水土流失及冻融侵蚀敏感脆弱区保护红线内：①原则上禁止进行基础设施、开矿、交通等人为建设项目；实在无法避免的应当反复论证，提高准入制度和防治标准，优化施工工艺，减少地面扰动和植被损坏范围。②禁止露天采矿；井下采矿时，应当有效保护水系，防止工程对地表土壤水分和植被产生不利的影响。③严禁滥牧、滥垦、滥伐、滥采、滥挖等潜在破坏植被、沙壳、结皮、地衣、表层土壤等地被物行为；实在无法避免的应当反复论证方案，严格控制施工扰动范围，缩短地表裸露时间并采用移植保护、分类分层剥离等措施保护天然地被物，将对自然生态系统的破坏或影响降到最低。

土地沙化敏感脆弱区保护红线内：①原则上禁止进行基础设施、开矿、交通等人为建设项目；实在无法避免的应当反复论证，提高准入制度和防治标准，优化施工工艺，减少地面扰动和植被损坏范围。②合理利用水资源，避免大水漫灌的落后方式，合理安排生产和生活用水，以及处理上下游的用水关系以保证红线区域内的生态用水，进而防止盐渍化。③禁止露天采矿；井下采矿时，应当有效保护水系，防止工程对地表土壤水分和植被产生不利的影响。④严禁滥牧、滥垦、滥伐、滥采、滥挖等潜在破坏植被、沙壳、结皮、地衣、表层土壤等地被物行为；实在无法避免的应当反复论证方案，严格控制施工扰动范围，缩短地表裸露时间并采用移植保护、分类分层剥离等措施保护天然地被物，将对自然生态系统的破坏或影响降到最低。

7.4.2.3 现有保护地红线

按照已有的法律法规，对现有各类保护地进行严格管理。

（1）自然保护区

禁止在自然保护区内进行砍伐、放牧、狩猎、捕捞、采药、开垦、烧荒、开矿、采石、挖沙等活动。

禁止任何人进入自然保护区的核心区。因科学研究的需要，必须进入核心区从事科学研究观测、调查活动的，应当事先向自然保护区管理机构提交申请和活动计划，并经省级以上人民政府有关自然保护区行政主管部门批准。

在自然保护区的核心区和缓冲区内，不得建设任何生产设施。在自然保护区的实验区内，不得建设污染环境、破坏资源或者景观的生产设施；建设其他项目，其污染物排放不得超过国家和地方规定的污染物排放标准。在自然保护区的实验区内已经建成的设施，其污染物排放超过国家和地方规定的排放标准的，应当限期治理；造成损害的，必须采取补救措施。

（2）世界文化自然遗产

世界文化遗产中的文物保护单位，应当根据世界文化遗产保护的需要依法划定保护范围和建设控制地带并予以公布。保护范围和建设控制地带的划定，应当符合世界文化遗产核心区和缓冲区的保护要求。

世界文化遗产中的不可移动文物，应当根据其历史、艺术和科学价值依法核定公布为文物保护单位。尚未核定公布为文物保护单位的不可移动文物，由县级文物主管部门予以登记并公布。

世界文化遗产中的不可移动文物，按照《中华人民共和国文物保护法》和《中华人民共和国文物保护法实施条例》的有关规定实施保护和管理。

（3）风景名胜区

在风景名胜区内禁止进行下列活动：开山、采石、开矿、开荒、修坟立碑等破坏景观、植被和地形地貌的活动；修建储存爆炸性、易燃性、放射性、毒害性、腐蚀性物品的设施；在景物或者设施上刻画、涂污；乱扔垃圾。

禁止违反风景名胜区规划，在风景名胜区内设立各类开发区和在核心景区内建设宾馆、招待所、培训中心、疗养院以及与风景名胜资源保护无关的其他建筑物；已经建设的，应当按照风景名胜区规划，逐步迁出。

（4）森林公园

禁止在森林公园毁林开垦和毁林采石、采砂、采土以及其他毁林行为。采伐森林公园的林木，必须遵守有关林业法规、经营方案和技术规程的规定。

（5）地质公园

对国际或国内具有极为罕见和重要科学价值的地质遗迹实施一级保护，非经批准不得入内。经设立该级地质遗迹保护区的人民政府地质矿产行政主管部门批准，可组织进行参观、科研或国际交往。

（6）水产种质资源保护区

单位和个人在水产种质资源保护区内从事水生生物资源调查、科学研究、教学实习、参观游览、影视拍摄等活动，应当遵守有关法律法规和保护区管理制度，不得损害水产种质资源及其生存环境。禁止在水产种质资源保护区内从事围湖造田工

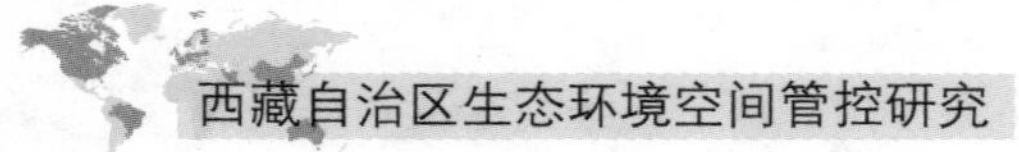

程；禁止在水产种质资源保护区内新建排污口。

（7）国际重要湿地

在湿地内禁止从事下列活动：开（围）垦湿地，放牧、捕捞；填埋、排干湿地或者擅自改变湿地用途；取用或者截断湿地水源；挖砂、取土、开矿；排放生活污水、工业废水；破坏野生动物栖息地、鱼类洄游通道，采挖野生植物或者猎捕野生动物；引进外来物种；其他破坏湿地及其生态功能的活动。

（8）湿地公园

国家湿地公园内禁止下列行为：开（围）垦湿地、开矿、采石、取土、修坟以及生产性放牧等；从事房地产、度假村、高尔夫球场等任何不符合主体功能定位的建设项目和开发活动；商品性采伐林木；猎捕鸟类和捡拾鸟卵等行为。湿地保育区除开展保护、监测等必需的保护管理活动外，不得进行任何与湿地生态系统保护和管理无关的其他活动。

（9）饮用水水源保护区

禁止一切破坏水环境生态平衡的活动以及破坏水源林、护岸林、与水源保护相关植被的活动；禁止向水域倾倒工业废渣、城市垃圾、粪便及其他废弃物；运输有毒有害物质、油类、粪便的船舶和车辆一般不准进入保护区，必须进入者应事先申请并经有关部门批准、登记并设置防渗、防溢、防漏设施；禁止使用剧毒和高残留农药，不得滥用化肥，不得使用炸药、毒品捕杀鱼类。

（10）重点文物保护单位

文物保护单位的保护范围内不得进行其他建设工程或者爆破、钻探、挖掘等作业。但是，因特殊情况需要在文物保护单位的保护范围内进行其他建设工程或者爆破、钻探、挖掘等作业的，必须保证文物保护单位的安全，并经核定公布该文物保护单位的人民政府批准，在批准前应当征得上一级人民政府文物行政部门同意。

（11）生态公益林

禁止在国家级公益林地开垦、采石、采沙、取土，严格控制勘查、开采矿藏和工程建设征收、征用、占用国家级公益林地。除国务院有关部门和省级人民政府批准的基础设施建设项目外，不得征收、征用、占用一级国家级公益林地。一级国家级公益林原则上不得开展生产经营活动，严禁林木采伐行为。

（12）江河源头水保护区

停止区域内一切可能导致生态功能继续退化的人类活动，并对保护区内已经破坏的重要生态系统进行重建与恢复，有效保护源头区生态环境和生物多样性资源，促进江河源区生态系统的良性循环，保证水资源生态可持续利用。

第 8 章　生态环境空间管理信息系统研究

8.1　系统框架

8.1.1　总体框架

软件平台的建设，应该以数据和数据库为基础，以环境功能区划与生态保护红线管理和应用为服务对象，实现各种基本服务和功能。根据建设要求，软件平台的各项建设任务应充分体现西藏自治区政府现有的资源和业务特点，并涵盖环境功能区划与生态保护红线管理和应用的各项业务。

作为软件平台设计开发的第一步，软件平台框架设计指导着整个软件平台的开发工作，是软件平台建设的重要一环，好的总体框架设计是软件平台开发工作成功开展的关键。

环境空间查询与管理信息系统软件平台总体框架见图 8－1。

图 8－1　环境空间查询与管理信息系统软件平台总体框架

总体上来说，软件平台有三个相互关联的部分组成，分别是：数据库系统、信息管理系统、GIS 系统。

8.1.2 设计原则

软件平台总体框架的设计过程中要遵循规范、开放、灵活、易用、安全的原则。

（1）规范性

软件设计、开发与项目实施管理必须遵循国家标准、行业标准、成熟的技术标准以及环保系统标准规范。

（2）协同性

平台是一个协同工作的平台，对于运行于平台的应用有统一的数据访问接口，提供应用稳定运行的软硬件环境，提供各部门信息共享、协同工作的环境。

（3）灵活性

系统部署灵活，框架采用B/S结构，客户端零维护，门户设置个性化，操作灵活，实现单点登录，满足各部门的应用需求。

（4）易用性

软件提供友好、实用、方便、符合相关业务操作模式的用户界面。

（5）安全性

平台统一完备的权限管理，日志管理和数据交换加密和存储安全控制，从物理、网络、信息、系统层面保证系统安全运行。

8.1.3 逻辑结构

软件平台的逻辑框架结构见图8-2。

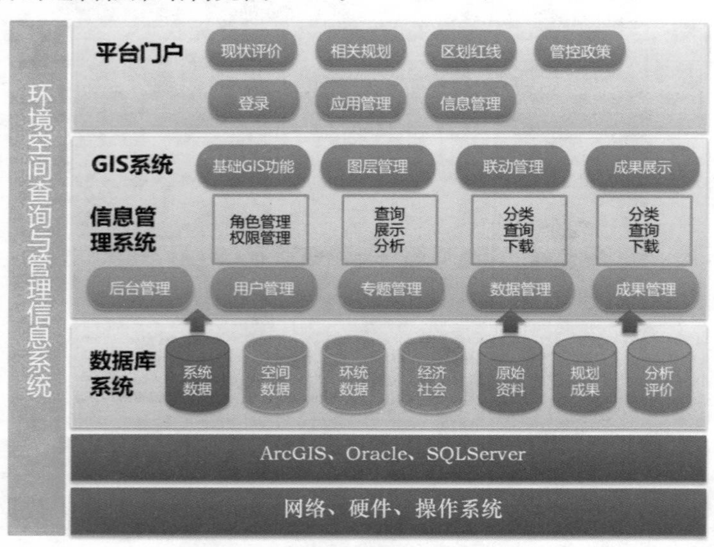

图8-2 软件平台的逻辑框架结构图

从逻辑功能上来划分，可以将整个信息系统划分成 4 个部分，自下而上分别是基础软硬件环境、数据库系统、信息管理系统、GIS 系统。

8.1.4　框架内容

（1）数据库系统

数据库系统负责整个软件平台的基础数据及各种基本资源的管理、控制与服务。目前，研究课题的数据来源多样，成果类型繁多，因此有必要建立一个完整的数据库系统平台，为各项专题、成果和应用提供一个完整的、一致的信息服务。

其主要功能包括：整理现有数据，完成数据入库、分类、检索等功能；整理红线课题的过程和成果数据，完成入库、分类、检索等主要功能；根据专题和应用需求，为信息管理和 GIS 系统提供数据接口服务；根据用户的不同类型、权限等的要求，提供相应的数据接口服务。

（2）信息管理系统

信息管理系统是提供针对用户、专题和应用的数据操作和计算，并在内部管理数据，协调数据之间的相关性。其包括后台管理、用户管理、专题管理、数据管理和成果管理五大类。

信息管理系统针对各个研究模块、专题内容进行了有效集成，使各个业务模块既能充分利用数据库系统提供的数据，又能将成果数据提交到数据库系统，并在 GIS 系统中展示。

其主要功能包括：完成后台管理，实现系统配置、安全、日志等的管理功能；完成用户管理，实现用户权限、数据范围等的管理功能；完成专题管理，实现专题信息提取、展示和应用等功能；完成数据管理，实现数据查询、修改、分析和下载等功能；完成成果管理，实现成果信息提取、展示和查询等功能。

（3）GIS 系统

GIS 系统是数据、成果和专题的展示，以及应用分析入口，提供对不同层次用户的服务，最终形成一个集成的、形式多样的、互动的信息展示系统。

其主要功能包括：完成 GIS 基础信息平台软件的开发，完成信息展示、查询、交互等主要功能；整理现状评价、相关规划和区划与红线的成果进行展示与查询；完成图层控制，实现叠加分析和缓冲区分析等分析应用功能。

（4）三个系统关系

软件平台是以数据库系统、信息管理系统和 GIS 系统为核心进行组织和运作的，三个系统间的关系是互为依托、互相影响的，只有作为一个有机的整体，才可

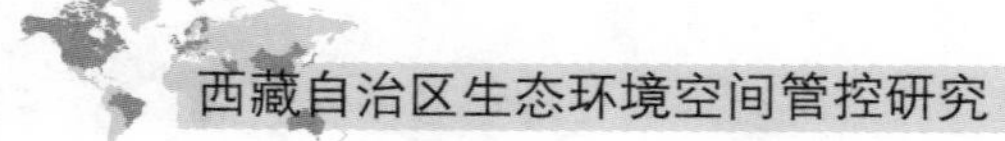

支撑软件平台稳定、高效的运转。

数据库系统存储环境数据，为信息管理系统和 GIS 系统提供数据支持，数据库系统提供数据的访问接口，供信息管理系统调用获取所需基础数据。数据库系统可提供专题数据和空间底图等服务，为 GIS 系统提供展示的数据和空间地图。

信息管理系统完成信息的组织分类、入库和分析，生成的分析结果可通过数据接口存回数据库系统。

GIS 系统完成各类数据、成果的展示。

8.2 平台功能设计

8.2.1 软件平台门户

软件平台门户是以 GIS 系统为基础，运用目前主流的“一张图”架构思路，基于统一的开发模式和丰富的开发接口对各类应用进行有机的集成，组织并整合平台应用。软件平台门户是平台安全、稳定运行的重要基础，为平台的各部分提供相应的入口，管理和应用平台相关功能，以支持和保障平台各环节有序运转。

软件平台门户示意图见图 8－3。

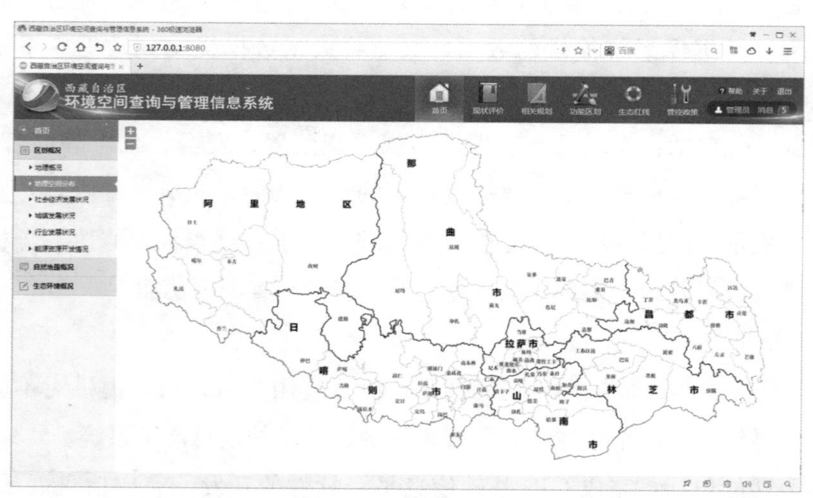

图 8－3　软件平台门户示意图

8.2.2 系统功能

（1）登录

提供用户登录功能。提供系统管理员、自治区（地市、区县）级管理员、自治

区（地市、区县）级用户三类用户。

登录页面见图 8－4。

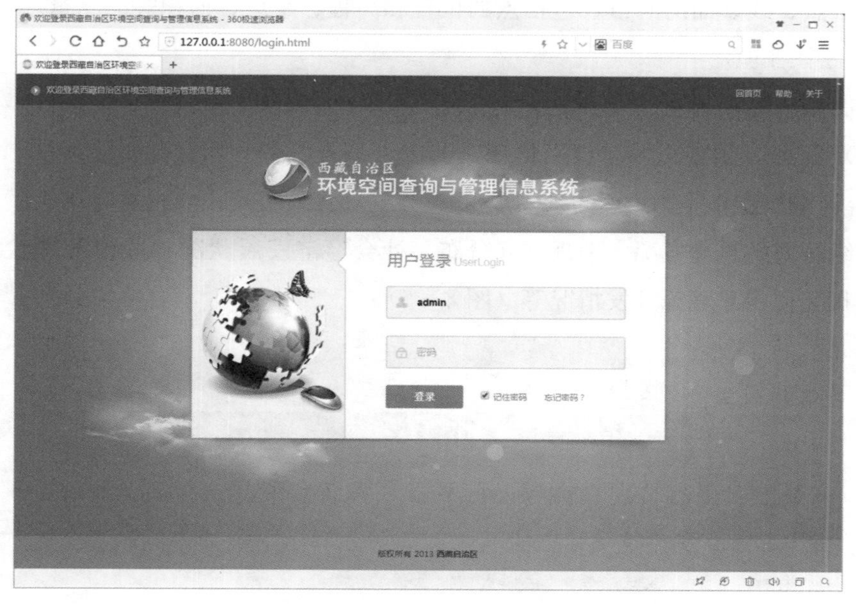

图 8－4　软件登录界面

（2）应用管理

应用管理由 GIS 系统提供接口，实现图层管理、搜索、测量、绘图等功能（图 8－5）。

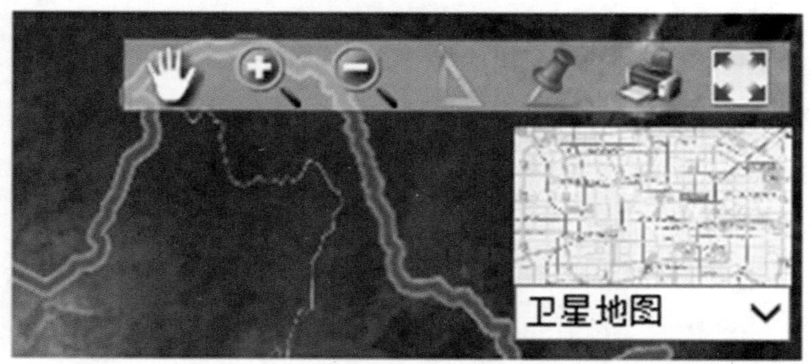

图 8－5　应用管理图

1）图层管理

提供图层的加载、显示、分析和选取等的控制功能。

2）搜索工具

定位到某一坐标点，搜索周边及相关信息；搜索某一个区域内的相关信息；搜索某一地名的相关信息。

3）测量工具

提供点、线、面的测量，包括点的位置和高程、距离、面积等的测量。

4）绘图工具

绘制用户标注的点、线、面。

（3）首页

1）区划概况

介绍区划的地理概况、地理空间分布、社会经济发展状况、城镇发展状况、行业发展状况、能源资源开发情况等（图 8－6）。

图 8－6　区划概况界面效果图

2）自然地理概况

介绍地质地貌、河流水系、生物多样性、矿产、能源等情况（图 8－7）。

3）生态环境概况

介绍主要江河和湖泊水质状况、饮用水水源地、环境空气质量状况、生态环境问题等情况。

（4）现状评价

按照现状评价方案，通过地图方式展示评价结果，可查阅各个评价区域的详细情况（图 8－8）。

（5）相关规划

提供已有的规划概况介绍，包括《全国主体功能区规划》《全国生态功能区划》《国家环境保护“十一五”规划》《国家环境保护“十二五”规划》《国家环境保护

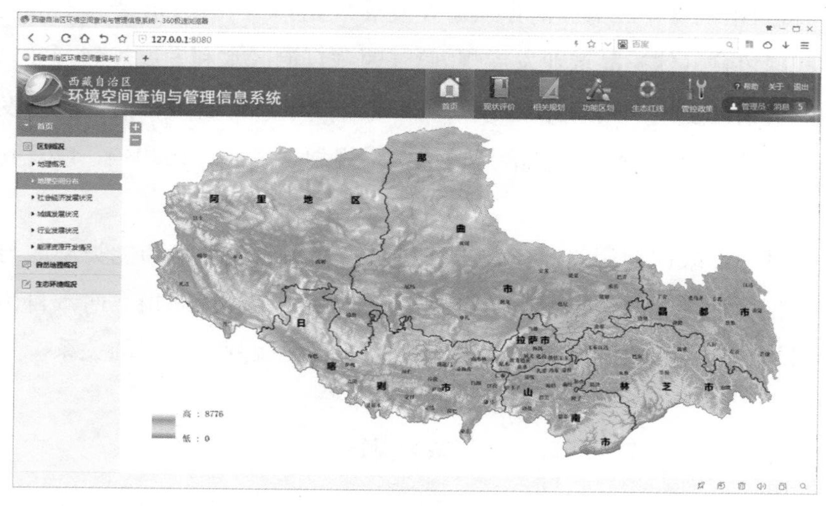

图8-7　自然地理概况界面效果图

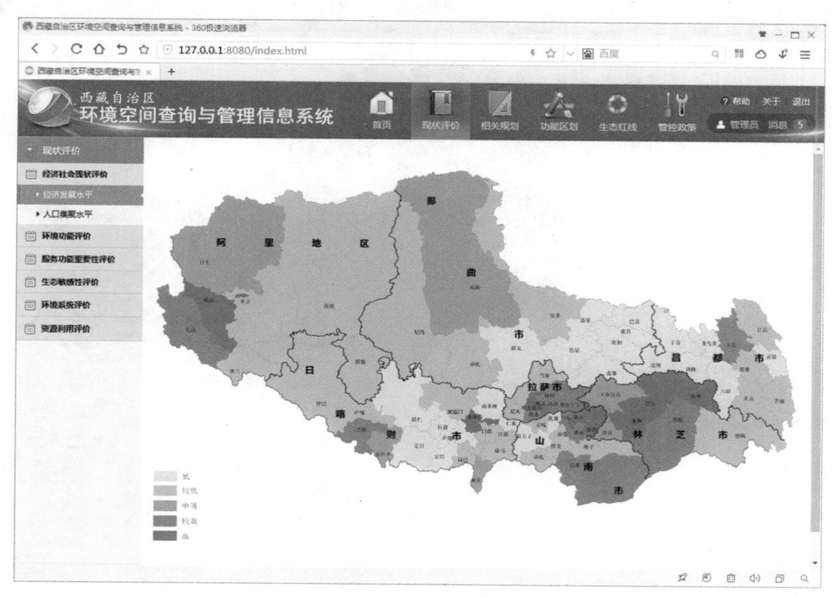

图8-8　现状评价界面效果图

“十三五”规划基本思路大纲》“全国环境功能区划纲要”《环境功能区划编制技术指南（试行）》《西藏自治区主体功能区规划》《青藏高原区域生态建设与环境保护规划（2011—2030）》《西藏自治区“十二五”时期国民经济和社会发展规划纲要》《西藏自治区“十二五”时期国土资源规划》《西藏自治区“十二五”时期环境保护和生态建设规划》《西藏自治区“十二五”时期住房城乡建设发展规划》《西藏自治区“十二五”时期矿产业发展规划》《西藏自治区“十二五”时期矿山地质环境保护与治理

规划》《西藏自治区“十二五”时期旅游业发展规划》《西藏自治区“十二五”时期高原生物和绿色食（饮）品产业发展规划》《西藏自治区水利发展规划（2011—2015年）》《西藏自治区土地利用总体规划（2006—2020年）》《西藏自治区旅游发展总体规划（2005—2020年）》《西藏自治区城镇体系规划（2008—2020）》，以及其他相关规划及区划等。

重点整理与红线课题相关性较大的规划内容，如西藏环境功能类型区与西藏自治区主体功能区规划、西藏自治区国民经济和社会发展五年规划、西藏自治区土地利用总体规划、西藏自治区生态功能区划等相关部门区划、规划的关系。重要的规划方案可在地图中展示，并能与红线区划图叠加分析。

比如西藏自治区生态功能区划界面效果见图8－9。

图8－9　西藏生态功能区划界面效果图

（6）规划方案

基于环境功能区类型的考虑，西藏自治区环境功能区分为5类：

Ⅰ一自然生态保留区是指服务于保障区域自然本底状态，维护珍稀物种的自然繁衍，保留可持续发展的环境空间区域。

Ⅱ一生态功能保育区是指生态系统十分重要，保障水源涵养、水土保持、防风固沙、维持生物多样性等生态调节功能稳定发挥，保障区域生态安全的区域。

Ⅲ一食物环境安全保障区是指服务于保障粮食、畜牧、水产等农副产品主要产地的环境安全的区域。

Ⅳ一聚居环境维护区是指服务于保障人口密度较高、城市化水平较高地区的饮

水安全、空气清洁等居住环境健康的区域。

Ⅴ一资源开发环境引导区是指服务于能源、矿产资源开发的环境维护，保障周边区域的环境安全的区域（图 8－10）。

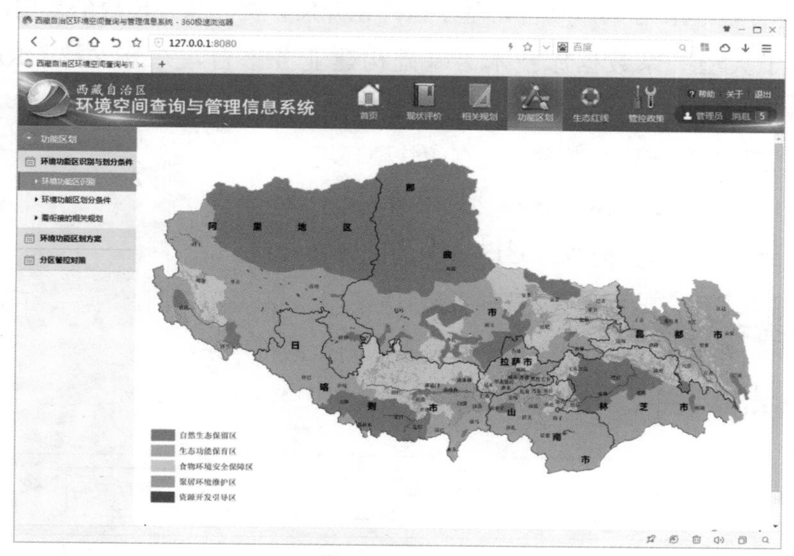

图 8－10　环境功能区划界面效果图

（7）管控政策

提供政策查询和文本浏览、下载等功能，具体内容包括：管控政策、监测体系、评价制度、考核办法、质量标准等，重点展示环境准入、环境标准、总量分配等重大环境管理制度。

（8）信息管理

信息管理由信息管理系统提供接口，实现所有信息的查询、浏览和下载等功能，这些信息包括不用于展示的数据。其具体包括：

基础数据：各类原始资料。

区划成果：包括所有课题文档、图集、表格等数据信息。

研究专题：包括专题研究文档、论文、报告等数据信息。

8.3　平台技术支撑体系

8.3.1　总体技术要求

系统各模块的开发和系统构架在技术上必须遵循下列要求：

1）遵循统一数据标准，统一规划和设计，建成数据可交换、信息能共享的平台。

2）系统要基于目前主流的 J2EE 或 .NET 等架构进行开发，总体上采用 B/S 技术结构，部分程序采用 C/S 结构，基于组件化开发，提高软件模块的复用性。

3）基于大型关系数据库技术为基础构建业务平台，充分支持 ORACLE 或 SQLSERVER 数据库。

4）系统开发和部署要考虑到现有的软硬环境。

5）操作系统应支持 Windows 2003 Server。

6）平台应支持对目前流行 GIS 资源的配置和管理。

8.3.2　技术架构

从技术结构上来说，整个系统的层次结构见图 8－11。

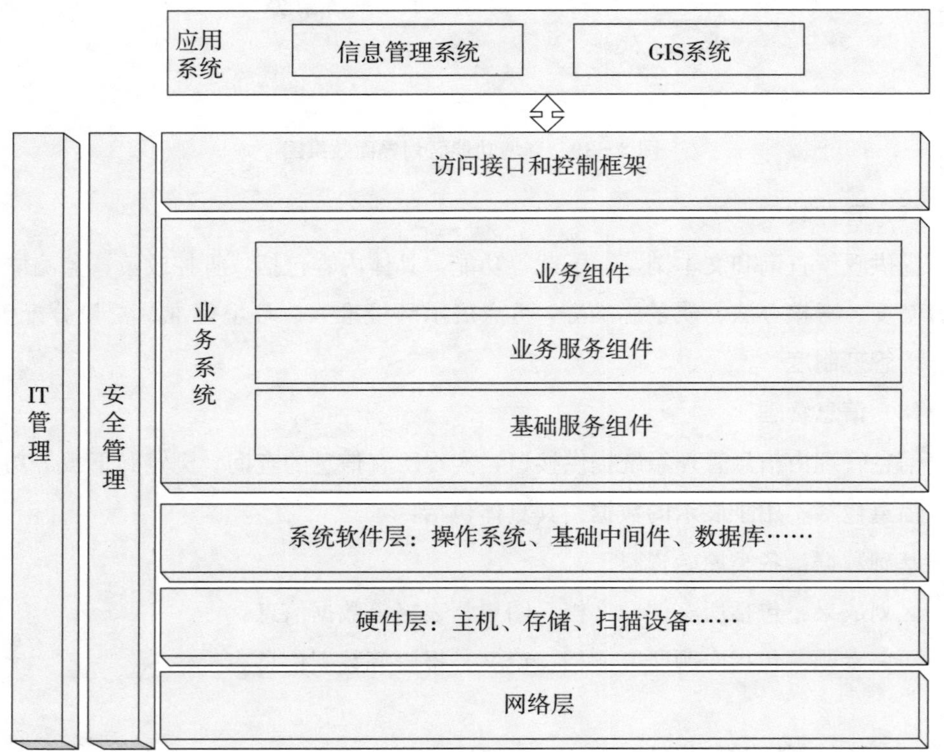

图 8－11　系统的层次结构

从技术结构上来说，整个系统有以下几个部分组成：网络/硬件层、系统软件层、数据库层、业务服务层、访问与控制层、应用系统和管理系统等。

8.3.3　网络结构

信息系统由硬件、网络、软件系统、其他组成（图8－12）。

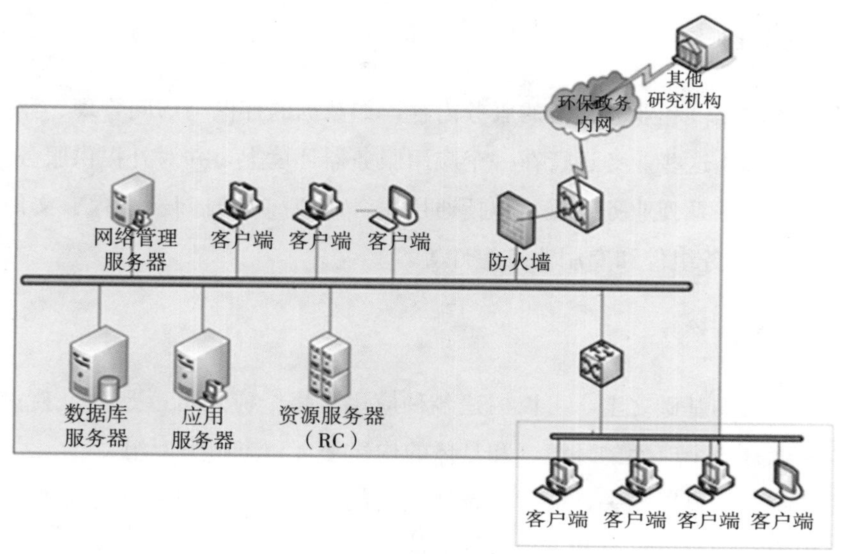

图8－12　网络结构

（1）数据库服务器

用于数据库系统的数据存储、数据服务等方面的应用和管理等操作，建议采用比较可靠、性能较好的服务器系统。

（2）应用业务服务器

用于对外提供服务的服务器系统。

（3）资源服务器

根据需要进行配置的服务器系统，可以是多台，其部署情况需要根据资源的不同来改变，对外提供的资源可以进行专门的管理，如GIS资源。

（4）网管服务器

用于内部网络管理的服务器系统。

根据红线课题的任务量、建设目标、承载能力考虑，可以将有关的业务进行合并组合，形成一个服务系统，作为互相之间的备份。具体到硬件的配置上，可以根据平台业务的数据量、使用量、并发程度进行选择，可以合并服务器硬件系统。

8.3.4　访问接口和控制框架

访问接口和控制框架负责管理对系统的访问控制，如会话管理、访问权限控制、任务调度、请求/应答的转换，数据包装、网络通信等方面的处理，它们提供一个和业务服务无关的控制框架，同时沟通应用系统前后端，提供了一个服务访问的环境。

8.3.5 业务服务

应用服务层提供和业务相关的服务内容，如数据的存储与访问管理、业务处理、业务系统管理等。这些业务运行在一个应用服务器环境上，并对外提供服务。

应用服务有一系列业务组成，包括通用服务组件（如时间、线程、文件、任务等）、通用业务服务组件和专用业务组件等。

8.3.6 应用系统

在软件平台的基础之上，可以构建各种应用，每个应用可以是一个独立的应用软件，也可以是一个应用的环境（和具体的构建平台和应用类型相关）。

应用系统之间可以相关，应用系统通过访问与控制框架来获得业务服务系统提供的服务内容，同时也可以和其他系统通信。

8.3.7 安全管理

信息系统的安全主要包括系统的安全、信息的安全，由于信息系统涉及大量的国家机密数据，因此对于数据的使用、访问、浏览等都需要进行特别的处理与授权。

8.3.8 运维管理

为保证软件平台的日常运行，需要对软件平台的各个组成部分，如网络、计算机系统、数据库、平台软件、资源等进行管理和监控，以了解整个系统的运行状态并对可能的运行风险进行处理。